REN YU HUANJING ZHISHI CONGSHU

人与环境知识丛书

人类健康与环境

刘芳 主编

“人与环境知识丛书”是一套科普图书，旨在通过介绍与人类生产、生活以及生命健康密切相关的环境问题向大众普及环境知识，提高大众对环保问题的重视

APGTIME 时代出版
时代出版传媒股份有限公司
安徽文艺出版社

图书在版编目（CIP）数据

人类健康与环境 / 刘芳主编. — 合肥：安徽文艺出版社，2012.2（2024.1 重印）
（时代馆书系·人与环境知识丛书）
ISBN 978-7-5396-3975-8

Ⅰ.①人… Ⅱ.①刘… Ⅲ.①环境影响－健康－青年读物②环境影响－健康－少年读物 Ⅳ.①X503.1-49

中国版本图书馆 CIP 数据核字(2011)第 248069 号

人类健康与环境

RENLEI JIANKANG YU HUANJING

出 版 人：朱寒冬
责任编辑：沈喜阳　　装帧设计：三棵树　文艺

出版发行：安徽文艺出版社　www.awpub.com
地　　址：合肥市翡翠路 1118 号　邮政编码：230071
营 销 部：(0551)3533889
印　　制：唐山富达印务有限公司　电话：(022)69381830

开本：700×1000　1/16　印张：10　字数：148 千字
版次：2012 年 2 月第 1 版
印次：2024 年 1 月第 7 次印刷
定价：48.00 元

前　　言

地球，为人类提供了赖以生存的环境。然而，不知道从哪一天起，我们却发现地球上出现了越来越多的反常气象，频繁出现的环境污染事件导致各种病变事故的发生，这些都使我们不得不去思考：我们的地球怎么了？我们的环境怎么了？我们的地球正在向我们诉说着什么？

当我们重新审视我们这个赖以生存的地球和我们的环境时，我们发现它已是满目疮痍。我们生存的环境正在一天天地恶化：臭氧空洞在一天天扩大，温室气体在一天天增多，地球的温度在一年年升高，森林和植被在一天天减少，空气越来越污浊、越来越令人窒息，河水越来越黑、越来越臭、越来越不能饮用。当我们越来越注重发展经济、越来越强调“GDP”时，往往忽略了我们生存的基础条件——环境本身。当我们正沉浸在掠夺式开发与发展所取得的“成就”之中而沾沾自喜的时候，我们的地球却在颤颤巍巍地说，它生病了。污浊的空气是它喘出的粗气，变酸的雨水是它流下的酸楚泪滴，发黑的河水是它脓化的血液，千疮百孔的植被是它溃烂的躯体。它说它清澈的甘泉和它那黑色石油乳汁已经干涸，它不能再哺育它那些不懂得爱护它的、不孝的儿女，因为它真的病了。

中医书上说“母病子危”。是啊，地球生病，环境染疾，怎能不累及它哺育的儿女。污染了的环境导致了越来越多的人得癌症、生怪病；污浊的空气，不仅让鸟儿销声匿迹，而且让越来越多的人患上了肺癌、哮喘和慢性支气管炎；污浊的河水，不仅让众多的鱼类死去，而且让越来越多的人患上了肝癌、胃癌和食道癌；生态的破坏，已经带来灾难，一个个的癌症村、怪病村，让人触目惊心。我们正在吞噬着盲目发展带来的苦果，我们正在为环境的破坏付出代价。污浊的水、有毒的气，激素肉、铅汞鱼，农药蔬菜、镉稻米，病的病，死的死，我们的生命、我们的健康何以为系？

自然环境的破坏会给人类的生存带来灾难，同样的，社会环境的恶化也会严重影响到人类的健康。恶劣的生产环境，充斥着噪声污染、光污染、电磁污染、热污染的城市，紧张的人际环境，都会严重影响到人类的健康，影响人们生活的质量。

现在，我们必须要重新审视我们和环境的关系，我们的生存依赖于环境，我们的健康植根于环境，我们必须与环境友好相处，好好爱护我们赖以生存的地球，好好爱护我们的环境，实际上，这也是在爱护我们人类自己。

目　录

第一章　环境与人类健康的关系

我们通常所称的环境就是指以人类为主体的外部世界的总称。它不仅包括阳光、空气、水、山川、土地、植物、动物、微生物、人，以及风、雨、雷、电等自然事物，也包括城市、村落、道路、工厂、农田、水库、车、船、飞机、火箭等人造事物，以及它们之间的相互关系。

当环境出了问题，人类还能“独善其身”吗?

第一节　人类离不开自然

人们习惯将人类环境分为天然的自然环境和人为的社会性环境。

自然环境，是指环绕于人类周围的自然界。它包括大气、水、土壤、生物和各种矿物资源等。

社会性环境，是指人类在自然环境的基础上，为不断提高物质和精神生活水平，通过长期有计划、有目的的发展，逐步创造和建立起来的人工环境，如城市、农村、工矿区等。社会环境的发展和演替，受自然规律、政治、经济、文化观念等的影响，其质量是人类物质文明建设和精神文明建设的标志。社会性环境既包括物质的形式，如城市、村落、道路、桥梁、工厂、农田、水库、车、船、飞机等，也包括精神文化的形式，如人际关系、政治制度、经济、法律、宗教、道德观念、风俗习惯、家庭结构等。

环境还可以按照环境要素来分类，可以分为大气环境、水环境、地质环境、土壤环境及生物环境等。环境从性质来分类，可分为物理环境、化学环境和生物环境等。

自然环境是人类生存和繁衍的物质基础。根据科学测定，人体血液中的60多种化学元素的含量比例与地壳中各种化学元素的含量比例十分相似，这说明人是环境的产物。我们从生活的自然环境中获取我们所需要的氧气、水分和食物，以提供我们身体活动的能量、生长发育和代谢更新的原料。正是大自然丰富的自然资源和优美的环境，为人类的繁衍生息提供营养和条件，才使人类发展、壮大成为地球的主宰。如果环境出现恶化，人类的健康将受到损害，甚至生存也将受到威胁。

人类为了生存、发展，必然要向环境索取资源，但同时也对环境产生影响。在人类的早期，由于人口稀少和能力的限制，人类的生存主要利用现成的食物，如以狩猎获得的动物、植物的果实、树叶等为食物，此时对环境没有明显的影响和破坏。在相当长的时间里，自然条件主宰着人类的命运。到了农耕时代，人类学会了耕种粮食，开始了“刀耕火种”、毁林开荒，这在一定程度上破坏了原有的自然环境。但由于当时生产力还很低下，科学、医疗水平不高，人均寿命较短，人口数量不多，因此，对环境的影响还不大。

随着人类的发展，科学技术的进步，产业革命的到来，使人类进入到了工业化时代。特别是使用机器以后，生产力大大提高，人类生存能力大大增强，加之医学科学的发展，使人均寿命延长，人口数量增加，对环境的影响也就日益增大了。

进入20世纪后，随着工业化进程的加快，人类利用、改造环境的能力空前提高，创造了巨大的物质财富，人类已在环境中由被动逐渐转变为处于主导地位。但是，与此同时，严重的环境污染和生态的破坏也随之出现在人们面前。大气严重污染、水资源空前短缺、植被破坏、森林毁灭、大批动物和植物物种濒临灭绝、土壤沙化、可耕地面积不断减少，人类赖以生存的自然环境正处在危机当中。日益恶化的环境向人类提出：保护大自然，维护生态平衡是当今最紧迫的问题。

在认识人类与环境的关系上，世界大部分国家和地区都盛行过人类中心论。人类中心论把人捧到自然系统中至高无上的位置，说人是大自然的主人，可以支配一切，自然界只不过是一个消极的客体。甚至认为人类在自然面前可以为所欲为，而自然在人类面前只有逆来顺受。这种以老大自居的观点，导致人类向大自然任意索取，任意排放污染物。

恩格斯曾经说过："我们不要过分陶醉于我们对自然界的胜利。对于每一次这样的胜利，自然界都报复了我们。每一次胜利，在第一步都确实取得了我们预期的结果，但是在第二和第三步都有了完全不同的、出乎预料的影响，常常把第一个结果取消了。"现实正是如此。人类在不断地遭到环境的报复，今天我们正在吞食着人类盲目开发、破坏环境的恶果。

生态环境一旦遭到破坏，需要几倍的时间乃至几代人的努力才能恢复，甚至永远不能恢复。人类为恢复和改善已经恶化的环境，必须做长期不懈的努力，其任务是十分艰巨的。环境已经向人类亮出了"黄牌"，人类如再不清醒，就将会被罚出"场"外。到那时，尽管人类为子孙后代留下数以亿计的财富，但由于前人"愚蠢"的行为，毁掉了后人生存的环境条件，再多的财富又有什么用呢?!

比如，过去到处可以喝到清洁、甘甜的泉水，可现在我们却必须要花一元钱才能买到一小瓶可喝的清洁矿泉水。以后，清洁的水会越来越少、越来越贵。

日益恶化的生态环境，越来越受到各国的普遍关注。更多的人开始认识到，人类应当不断更新自己的观念，随时调整自己的行为，以实现人与环境的和谐共处。保护环境也就是保护人类生存的基础和条件。1972 年联合国召开的人类环境会议，提出了"只有一个地球"的口号，提醒人们保护自己的环境。大会发表的《人类环境宣言》宣告："维护和改善人类环境已经成为人类一个紧迫的目标。""为了在自然界里取得自由，人类必须利用知识在与自然合作的情况下，建设一个良好的环境。"

近年来，我国政府已经认识到环境与人的重要性，党中央提出了"科学发展观"、"建设环境友好型社会"的概念，改变了过去一些地方政府只重视经济发展，不重视环境保护的错误做法。我们期望环境保护能成为我们每一个人重视和遵守的理念。

人类的生存和发展必须依赖于自然，人类必须要与自然和谐相处，要保护好自然，维护好环境的生态平衡，不能竭泽而渔，否则带给人类灾难的，将会是人类自己。

第二节 人类生存要求生态平衡

大自然中大约生活着上千万种生物，它们之间相互结合成生物群落，依靠地球表层的空气、水、土壤中的营养物质生存和发展。这些生物群落在一定范围和区域内相互依存，同时与各自的环境不断地进行着物质的交换和能量的传递，形成一个动态系统，我们把它叫做生态系统。

生态系统由动物、植物、微生物及其周围的非生命物质环境（阳光、空气、水、土壤等）组成。生态系统是生物与环境之间进行能量转换和物质循环的基本功能单位。为了生存和繁衍，每一种生物都要从周围的环境中吸取空气、水分、阳光、热量和营养物质。生物生长、繁育和活动过程中又不断向周围的环境释放和排泄各种物质，死亡后的残体也复归环境。

对任何一种生物来说，周围的环境也包括其他生物。例如，绿色植物以微生物活动从土壤中释放出来的氮、磷、钾等为营养元素；食草动物以绿色植物为食物；肉食性动物又以食草动物为食物；各种动植物的残体则既是昆虫等小动物的食物，又是微生物的营养来源；微生物活动的结果又释放出植物生长所需要的营养物质。

经过长期的自然演化，每个区域的生物和环境之间、生物与生物之间，都形成了一种相对稳定的结构，具有相应的功能，这就是生态系统。生态系统有大有小，小的如一个池塘、一块草地，大的如湖泊、海洋、森林、草原等，甚至整个地球也可以看成一个大的生态系统。

当一个生态系统的结构、功能，包括生物种类的组成、生物数量的比例，以及能量流动、物质循环等，都处在相对稳定状态，这就叫做生态平衡。生态系统的各个组成部分都是互相联系的。如池塘里的鱼、水生植物、浮游生物、微生物、水、空气、泥土等就是一个完整的生态系统。水生植物利用太阳能进行光合作用，把水和泥中的营养物质和大气中的二氧化碳转化为有机物，贮存在植物体内；小浮游动物以浮游植物为食；浮游动物和水生植物又被鱼作为食物；水生植物和水生动物的残体又被水和泥中的微生物分解成无机物，释放到环境中，供植物重新利用。这就构成了一个完整的生态系统。

如果人类活动干预某一部分，则会使原有的平衡打破；如果某种化学物质或某种化学元素过多地超过了自然状态下的正常含量，也会影响生态平衡。生态平衡是整个生物圈保持正常的生命维持系统的重要条件，为人类提供适宜的环境条件和稳定的物质资源。

如果生态平衡被打破，整个生态系统可以进行自动调节，以保持原有的平衡。比如，池塘里的鱼被捕捞后，水生植物和浮游动物的天敌减少，水生植物、浮游动物就会迅速繁殖起来，这对鱼的繁殖又有好处，从而恢复原有的平衡。如果生态平衡遭到严重破坏，则会发生非常严重的连锁性后果。

例如，20 世纪 50 年代，我国曾发起把麻雀作为“四害”之一来消灭的运动。可是在大量捕杀了麻雀之后的几年里，却出现了严重的虫灾，使农业生产受到巨大的损失。后来科学家们发现，麻雀是吃害虫的好手。消灭了麻雀，害虫没有了天敌，就大肆繁殖起来，导致了虫灾发生、农田绝收等一系列惨痛的后果。

生态系统的平衡往往是大自然经过了很长时间才建立起来的动态平衡。一旦受到破坏，有些平衡就无法重建了，带来的恶果可能是人的努力无法弥补的。因此人类要尊重生态平衡，帮助维护这个平衡，而绝不要轻易去破坏它。

生态系统的组成成分越多样，能量流动和物质循环的途径就越复杂，调节能力就越强。但生态系统本身的调节是有限的，如果人类大规模地干扰，生态调节就变得无济于事，生态平衡就会遭到破坏。

如森林的大量毁灭、过度开垦土地使植被减少，导致植物吸收太阳能的作用减弱，使气温升高，同时也使森林植物，尤其是热带雨林对二氧化碳的吸收利用减弱而使二氧化碳增加。加之现代化工业社会过多燃烧煤炭、石油和天然气，汽车大量排放尾气，这些矿物燃料燃烧后放出大量的二氧化碳。二氧化碳气体具有吸热和隔热的功能。它在大气中增多的结果是形成一种无形的玻璃罩，使太阳辐射到地球上的热量无法向外层空间发散，其结果是地球表面变热起来。这就造成人们所说的温室效应。因此，二氧化碳也被称为温室气体。人类活动和大自然还排放其他温室气体，如：氯氟烃（CFC）、甲烷和氮氧化合物气体等。科学家预测，如果二氧化碳含量比现在增加 1 倍，全球气温将升高 30℃—50℃，两极地区可能升高 100℃，气候将明显变暖。气温升高，将导致某些地区雨量增加，某些地区出现干旱，飓风力量增强，出现频率也将提高，自然灾害加剧。

更令人担忧的是，由于气温升高，将使两极地区冰川融化，海平面升高，许多沿海城市、岛屿或低洼地区将面临海水上涨的威胁，甚至被海水吞没。1983—1985 年间，在西非大西洋沿岸到非洲之角，再到南非的一些地区，发生了不同程度的旱灾和饥馑；至少有 20 个国家的 3000 万人挨饿，1000 万人离家出走去寻找水源和食物。继这次旱灾，非洲从 1991 年开始又不断发生干旱和旱灾，1992 年 3—5 月，埃塞俄比亚南部和肯尼亚北部约有 75% 的牲畜死亡。这是“温室效应”给人类带来灾害的典型事例。因此，必须有效地控制二氧化碳含量增加，控制人口增长，科学使用燃料，加强植树造林，绿化大地，防止温室效应给全球带来的巨大灾难。

又如 20 世纪 30 年代，美国由于大规模开垦西部草原，植被遭到严重破坏，使土壤失去植被的保护作用，结果导致著名的“黑风暴”事件。

1934 年 5 月 12 日，一场巨大的风暴席卷了美国东部与加拿大西部的辽阔土地。风暴从美国西部土地破坏最严重的干旱地区刮起，狂风卷着黄色的尘土，遮天蔽日，天昏地暗，向东部横扫过去，形成一个东西长 2400 千米，南北宽 1500 千米，高 3.2 千米的巨大的移动尘土带，当时空气中含沙量达 40 吨/立方千米。风暴持续了 3 天，掠过了美国 2/3 的大地，3 亿多吨土壤被刮走，风过之处，水井、溪流干涸，牛羊死亡，人们背井离乡，一片凄凉。这就是震惊世界的“黑风暴”事件。“黑风暴”也称沙尘暴或沙暴，在美国发生过若干起，主要是由于美国拓荒时期开垦土地造成植被破坏引起的。

由于过度开垦和放牧，近年来，沙尘暴也在我国北方肆行无忌，屡有发生。其中，1993 年 5 月，一场罕见的沙尘暴袭击了中国新疆、甘肃、宁夏和内蒙古部分地区，沙尘暴经过时最高风速为 34 米/秒，最大风力达 12 级，能见度最低时为零。这场风暴造成 85 人死亡，31 人失踪，264 人受伤；12 万头（只）牲畜死亡、丢失，73 万头（只）牲畜受伤；37 万公顷农作物受灾；4330 间房屋倒塌，直接经济损失达 7.25 亿人民币。

又如 1998 年发生在我国长江和松花江流域的特大洪水，除了环境破坏导致气候异常的原因外，流域内大量森林被砍伐和过度开垦所致水土严重流失，以及大量的湖泊被围垦，调蓄容积急剧减少，也是加重洪涝灾害的重要原因。随着人口的增加和经济的发展，人与水争地的现象日趋严重，1949 年长江中下游通江湖泊总面积 17198 平方千米，目前只剩下洞庭湖和鄱阳湖仍与长江相通，总面积 6000 多平方千米。近 40 多年来，洞庭湖因淤积围垦减少面积 1600 平方千米，减少容量 100 多亿立方米；鄱阳湖减少面积 1400 平方千米，减少容量 80 多亿立方米。大量的湖泊被围垦，调蓄、缓冲洪水的容积急剧减少，因而加重了洪涝的灾害。

第三节　生态破坏影响人类生存

环境对健康的影响是复杂的，从环境对人类健康的作用大小看，有直接影响和间接影响。如地震、洪水、海啸、泥石流、火山爆发、高温、低温等可直接导致人的死亡；而生态破坏、环境污染等则导致人的生存环境恶化，或使致病因素增加，或使人体抵抗力下降，从而直接或间接影响人类健康。

从人对环境影响的大小看，有自然本身的因素和人为的因素，或人与自然共同作用。自然本身的因素，包括地质、地理环境条件恶劣，不适宜人类居住的地方。如果人类居住在这些地方，则对生命安全和健康构成威胁，或出现某些与地质地理有关的地方性疾病；人为因素包括生态破坏和环境污染，它们既可直接损害人的生命，也可间接破坏人体的健康，它们是当今环境对人类健康的主要威胁。

生态破坏是指人类不合理地开发、利用自然资源和兴建工程项目而引起的生态环境的退化、原有的生态平衡遭到破坏及由此而衍生的有关环境效应，从而对人类的生存环境产生不利影响的现象。如温室效应带来的全球变暖、水土流失、土地荒漠化、土壤盐碱化、生物多样性减少等等。

由于人类大量砍伐森林，过多燃烧煤炭、石油和天然气，以及汽车大量排放尾气等使温室气体排放增加而产生温室效应。温室效应使全球气温升高，出现气象异常，某些地区雨量增加，某些地区出现干旱，飓风力量增强，出现频率提高，自然灾害加剧。更令人担忧的是，由于气温升高，将使两极地区冰川融化，海平面升高，许多沿海城市、岛屿或低洼地区将面临海水上涨的威胁，甚至被海水吞没。除这些灾害事件直接损害人的生命、增加伤亡外，也可间接使某些疾病的发病增加。如气象异常的高温导致“中暑”病人增加，而低温则使“冻伤”病人增加。据有关报道，2007 年 7 月席卷欧洲中部和南部的热浪在匈牙利造成将近 500 人死亡，仅在中部就有 230 人丧生。持续高温还造成罗马尼亚 30 人死亡，另有 860 人在街上昏厥。另据中新网 2009 年 1 月 8 日报道，受到来自西伯利亚和北欧的冷空气影响，欧洲主要地区连日来受到一股寒流侵袭，东部和中部主要地区冷到零下 31℃至零下 10℃度低温，连日来有十多人冻死。

全球变暖使万亿年的冰川融化，可能使冷冻在冰川中的不知名病毒复活，从而爆发难以控制的不知名的疾病，犹如 2003 年爆发流行的“SARS”一样。SARS 是英文 Severe Acute Respiratory Syndrome 的缩写，中文名“严重急性呼吸道综合征”，是非典型肺炎（Atyptical Pneumonia）的一种，在中国俗称为“非典”，2003 年 2 月首次发现于中国广东、香港以及越南的河内等地，并迅速蔓延到世界 27 个国家和地区。开始由于不知道疾病原因，故名“SARS”。后来发现，SARS 是一种由变异的冠状病毒引起的高传染性呼吸综合征，大部分感染者表现出急性呼吸困难综合征（Acute Respiratory Distress Syndrome）和急性肺损伤（Acute Lung Injury）。根据世界卫生组织的统计，截至 2003 年 4 月 23 日，在短短的 2 个多月时间内，全球已有 4288 人遭到感染，其中 251 人死亡。由于最初不知道疾病的原因，曾一度引起全球的恐慌。

2009 年 3 月起，由墨西哥发端的甲型 H1N1 流感，在世界范围内迅速传播，成千上万人受到感染。

此外，气候反常还会造成人体抵抗力下降、诱发或加重原有疾病。

臭氧层是高空大气中臭氧浓度较高的气层，它能阻碍过多的太阳紫外线照射到地球表面，有效地保护地面一切生物的正常生长。臭氧层的破坏主要是现代生活大量使用的化学物质氟利昂进入平流层，在紫外线作用下分解产生的原子氯通过连锁反应而实现的。

最近研究表明，南极上空 15—20 千米间的低平流层中臭氧含量已减少了 40%—50%，在某些高度，臭氧的损失可能高达 95%；北极的平流层中也发生了臭氧损耗。臭氧层的破坏将会增加紫外线 β 波的辐射强度，而 β 紫外线则可导致皮肤癌。据资料统计分析，臭氧浓度每降低 1%，皮肤癌就增加 4%，白内障发生则增加 0.6%。到 21 世纪初，地球中部上空的臭氧层已减少了 5%—10%，使皮肤癌患者人数增加了 26%。

森林植被的破坏，对人类健康的影响巨大。由于过度的放牧、耕作、滥垦滥伐等人为因素和一系列自然因素的共同作用，致使土地森林面积和植被面积减少，土地质量退化，并逐步沙漠化，加之全球暖化，气象反常，使沙尘暴天气频繁发生。除前面已经谈到的沙尘暴可以直接导致人的伤亡外，还会对人体的健康带来严重的损害。

在沙尘暴天气时，大量的尘土被吸入气管和肺，不仅会损害气管和肺组织，破坏呼吸功能，而且还由于尘土中常常含有大量的有害微生物，如果被吸入呼吸道和肺中，则可导致呼吸道和肺部的感染，使呼吸道疾病增加。在医院中可发现，每一次沙尘暴天气过后，患呼吸道疾病的病人都会大量增加。

由于滥砍滥伐、过度开垦使森林植被大量减少，特别是热带雨林的减少，使其吸收二氧化碳、吐出氧气的功能削弱，导致大气中二氧化碳含量增加，这不仅导致温室效应，也导致空气质量下降。另外森林中含有对人体健康很有好处的负氧离子，森林的减少，导致环境空气中负氧离子下降，使人们感到清新的空气越来越少。空气质量的下降，使呼吸系统疾病发病增加。

森林植被的减少不仅使某些植物物种减少，也导致某些依赖森林的动物物种减少。加上人们的滥捕滥杀、环境污染和引进外来物种等原因，使包括动物、植物和微生物等在内的所有生物物种不断减少，这种生物物种不断减少的现象即为生物多样性减少。

据估计，地球上的物种约有3000万种。自1600年以来，已有724个物种灭绝，目前已有3956个物种濒临灭绝，3647个物种为濒危物种，7240个物种为稀有物种。多数专家认为，地球上生物的1/4可能在未来20—30年内处于灭绝的危险，1990—2020年内，全世界有5%—15%的物种可能灭绝，也就是每天消失40—140个物种。生物多样性的存在对进化和保护生物圈的生命维持系统具有不可替代的作用。生物多样性的减少，不仅可能使具有某种潜在药物作用的植物减少，同时也可能破坏动物原来已经平衡的食物链关系。

俗话说："大鱼吃小鱼，小鱼吃虾虾，虾虾吃泥巴。"这就是一种食物链关系。对于食物链上任何一种生物来说，上链生物就是下链生物的天敌，下链生物就是上链生物的食物。天敌的减少或灭绝，必然导致其下链生物的大量繁殖。比如由于人们对老鼠的天敌之一——蛇的大量捕杀，使老鼠现在越来越猖獗。

生物多样性的减少，还使原本五彩缤纷的世界变得单调、灰暗；动物物种的减少，使人类的朋友越来越少，人类变得越来越孤独。这也许是现在越来越多的人患上"孤独症"和抑郁症的一个可能的原因吧。

第四节　环境污染是健康的杀手

环境污染是指人类直接或间接地向环境排放超过其自净能力的物质或能量，从而使环境的质量降低，对人类的生存与发展、生态系统和财产造成不利影响的现象。

人们一直以为地球上的陆地、天空是无限大的，所以从不担心把废气送到天空去，把垃圾倒进河流与海洋中会有什么不妥。大家都认为世界这么大，这一点废物算什么？其实错了，地球虽大（半径6300多千米），但生物只能在海拔8千米到海底11千米的范围内生活，而占了95%的生物都只能生存在中间约3千米的范围内。虽然，排入大气、水中、土壤中的污染物质，可以通过扩散、稀释、氧化还原、生物降解等的作用而使污染物质的浓度和毒性降低，这叫环境的自净作用；但如果排放的物质超过了环境的自净能力，环境质量就会发生不良变化，使生态系统遭到破坏，并危害到人类的健康和生存，这就导致了环境污染。

根据环境要素可将环境污染分为：大气污染、水体污染、土壤污染。

大气污染是指空气中污染物的浓度达到有害程度，以致破坏生态系统和人类正常生存和发展的条件，对人和生物造成危害的现象。

水体污染是指水体因某种物质的介入，而导致其化学、物理、生物或者放射性污染等方面特性的改变，从而影响水的有效利用，危害人体健康或者破坏生态环境，造成水质恶化的现象。

土壤污染是指由于人为活动产生的固体废物、废水进入土壤并积累到一定程度，引起土壤质量恶化，并进而影响农作物的生长或造成农作物中某些影响人体健康的指标超过国家标准的现象。

根据人类活动范围可将环境污染分为工业环境污染、城市环境污染、农业环境污染。

根据造成环境污染的性质、来源可分将环境污染分为化学污染、生物污染、物理污染（包括噪声、放射物质、电磁波）、固体废物污染、能源污染。

化学污染是指化学性有害物质进入环境而造成的污染，如镉、铅、砷、汞、苯、酚、农药等。

生物污染是指含有病源微生物（细菌、病毒、寄生虫等）的污染物对食物、饮水、人类生活环境等造成的污染。

物理污染包括噪声污染、放射性污染等。

噪声污染是指所产生的环境噪声超过国家规定的环境噪声排放标准，并干扰他人正常工作、学习、生活的现象。

放射性污染是指由于人类活动造成物品、人体、场所、环境介质表面或者内部出现超过国家标准的放射性物质或者射线。

环境污染的来源主要有以下几方面：

工厂排出的废烟、废气、废水、废渣和噪音；

人们生活中排出的废烟、废气、噪音、脏水、垃圾；

交通工具（所有的燃油车辆、轮船、飞机等）排出的废气和噪音；

大量使用化肥、杀虫剂、除草剂等化学物质的农田灌溉后流出的水；

矿山废水、废渣。

其中，工业废物的排放常常是环境污染的主要原因。例如，有意无意地超过国家和地方政府制定的排放污染物的标准，超种类、超量、超浓度排放污染物；未采取防止溢流和渗漏及其他安全措施而装载运输油类或者有毒货物，致使货物落水造成水污染；非法向大气中排放有毒有害物质，造成大气污染事故，等等。

另外，矿产开采也是造成环境污染的另一重要原因。矿产开采时，不仅直接改变地质、地貌，同时常常向地质环境排放大量废弃矿渣和工业废弃物，造成地表有害化学元素如铅、砷、汞、镉、铬等的浓度增高而污染河流和土壤。

环境污染会给生态系统造成直接的破坏和影响，如沙漠化、森林破坏，也会给生态系统和人类社会造成间接的危害，有时这种间接的环境效应的危害比当时造成的直接危害更大，也更难消除。例如，温室效应、酸雨、臭氧层破坏等就是由大气污染衍生出的环境效应。

这种由环境污染衍生的环境效应具有滞后性，往往在污染发生的当时不易被察觉或预料到，然而一旦发生就表示环境污染已经发展到相当严重的地步。当然，环境污染的最直接、最容易被人所感受的后果是人类生存环境质量的下降，影响人类的生活质量、身体健康和生产活动。例如城市的空气污染造成空气污浊，使呼吸系统疾病，特别是肺癌的发病率上升；水污染使水环境质量恶化，饮用水源的质量普遍下降，威胁人的身体健康，引起胎儿早产或畸形、癌症等。如今，与环境污染有关的疾病的发病率越来越高，有的地方甚至出现了因环境污染而造成的“癌症村”、“怪病村”、“畸形村”，环境污染已经成了威胁人类健康的主要杀手。

第五节　人类健康与疾病

在正常情况下，身体各个系统、器官进行着各自的功能。如由肺、气管、支气管等组成的呼吸系统主要负责呼吸功能，它吸进氧气，吐出二氧化碳，进行着身体与外界环境的气体交换；由口腔、食道、胃、小肠、大肠、肛门等组成的消化系统主要负责消化功能，它将水、食物摄入体内，进行消化，吸收进机体需要的营养和水分，将剩下的残渣和废物即粪便排出体外；由肾、输尿管、膀胱、尿道等组成的泌尿系统主要负责泌尿功能，它排出身体的可溶性毒废物质和多余的水分即尿液；由心脏、动脉、静脉等组成的循环系统主要负责循环功能，它泵出具有营养成分的新鲜血液通过动脉流至全身，营养各个器官的组织、细胞，以保证各个组织、细胞的新陈代谢功能。各个组织、细胞新陈代谢产生的废物，通过静脉带到肝进行解毒，再通过血液循环到肾，或不经过肝脏而直接通过血液循环到肾，随尿液排出体外。溶在静脉中的废气，主要是二氧化碳，则通过循环到肺，经呼吸排出体外；大脑神经系统、内分泌系统和免疫系统调节着全身各组织器官的功能和新陈代谢活动，是机体的自我稳定调节系统，维持着各器官与器官之间、系统与系统之间，以及机体与外界环境之间的协调与平衡。

在各种有害因素即病因作用身体的时候，身体对病因所引起的损害发生一系列抗损害反应，自我稳定调节系统努力维持着原来的平衡。当病因引起的损害十分严重，使机体自我稳定调节系统的功能失败或发生紊乱，机体的平衡被破坏，便会出现各种器官、组织的机能、代谢和形态结构的病理变化。而这些病理变化又可使机体各器官、系统之间，以及机体与外界环境之间的协调关系发生障碍，从而引起各种病理症状、体征和行为异常，特别是对环境适应能力和劳动能力的减弱甚至丧失。这时我们说：机体生病了。

可见，疾病是一种状态，是身体内部环境的稳定、原有的平衡遭到破坏的状态，是身体的生命活动的异常状态。疾病又是一个过程，是有害因素侵袭身体、身体与有害因素进行抗争、恢复原有平衡的过程。疾病的发生也是一个过程，是一个渐变的、由量变到质变的过程。

人们常常认为没有疾病就是健康，健康就是没有疾病，把健康和疾病对立起来。其实，这是一个错误的认识。世界卫生组织（WHO）给健康的定义是：健康不仅仅指没有疾病或虚弱现象，而且指一个人在生理上、心理上和社会适应上的完好状态。

对于健康的定义，应该从两个方面来理解：一是健康不仅仅是指身体方面的健康，还包括心理方面和社会适应等方面的健康。许多人认为，只要自己身体没有疾病就是健康的，把心理健康排除在健康之外。实际上，心理健康问题，不仅导致人们痛苦，影响其学习和工作，产生社会适应的问题，而且，心理健康还可以通过自主神经、内分泌、免疫和行为的中介作用，影响到躯体的健康，导致一些心身疾病、慢性疾病、癌症等严重的躯体健康问题。心理和身体是一个统一的整体，二者相互联系、相互影响，心理的健康会影响到身体的健康，身体的健康会影响到心理的健康。无论是身体或心理的健康问题，都会影响到社会的适应。

其次，健康和疾病之间不是对立的关系，健康和疾病之间没有截然的界限，不是说没有疾病就是健康，不健康就是有疾病。健康和疾病之间是一条连续带，从疾病最严重一端到健康的顶峰，中间还有很宽的移行带或中间地带，每一个人都处在这条带的某一点上，大多数人处在中间“正常”的一般健康的位置。你可能没有疾病，但你可能并不健康，你可能处在亚健康状态。亚健康是一种离疾病很近的状态，如不注意调养，就可能发展成疾病。所以，我们大多数人都还可以进一步提高自己的健康水平，还可以更健康。

很多人常常是生病以后才认识到健康的重要，其实，我们平时就应该注意健康的维护，努力提高自己的健康水平，预防疾病的发生。那么，导致疾病发生的原因又有哪些呢？

引起疾病的原因是多方面的，不同的疾病常常病因不同。

根据性质的不同，可以分为物理的、化学的、生物的和心理社会的。

物理性致病因素包括：高温、低温、高气压、低气压、各种射线的辐射、机械损伤等；

化学性致病因素包括：各种有毒化学物质，包括各种金属与非金属，如铅、锰、镉、铊、砷、汞、铊等；无机化合物与有机化合物，如苯、一氧化碳、硫化物、氮氧化物、农药等；

生物性致病因素包括：各种细菌、真菌、病毒等微生物病菌和寄生虫等的入侵，身体自身组织的变性、代谢紊乱、免疫紊乱等；

心理社会性致病因素包括：各种精神创伤、心理压力、负性情绪的困扰等，以及各种社会生活事件带来的心理应激、社会文化带来的生活方式的变化等。

另外，病因又可以根据来源的不同，而分为内在自身的原因和外在环境的原因。

内在自身的致病因素包括：遗传的缺陷和变异、内分泌与代谢的紊乱、自身组织变性、自身免疫功能的降低或紊乱等；

外在环境的致病因素包括：各种物理的、化学的因素对人体的损伤和毒害，各种微生物病菌的入侵，各种社会生活事件带来的心理刺激等。

虽然，疾病的发生常常是内外因素共同作用的结果，但从人类医学发展史来看，外在环境的致病因素始终是人类健康的主要威胁。20 世纪中期以前，导致人类健康损害的致死性疾病主要是由自然环境中的细菌、病毒引起的传染性疾病，如鼠疫、天花、霍乱、麻疹、结核等。20 世纪中期以后，随着抗生素、疫苗的应用，这些传染性疾病已得到很好的控制，但是，由人类自身行为带来的环境污染、心理应激、生活行为方式等导致的癌症、心脑血管疾病、心理疾病等慢性病却成了人类健康的主要威胁。特别是生态环境的恶化、环境的污染如不能得到有效的遏制，人类的生存将面临极大的威胁。

第二章 大气污染与人类健康

大气中不仅含无机污染物，而且含有机污染物，包括各种烷烃、烯烃、多氯联苯、二噁英等这类对人体有严重危害的有机物。随着人类不断开发新的物质，大气污染物的种类和数量也在不断变化着。而且南极和北极的动物也受了大气污染的影响。

大气被污染了，人类的正常呼吸都变得奢侈。

第一节 捂住口鼻才能睡觉

2004年4月26日，《江南时报》的记者顾强和李亚东通过调查，在报上发表了《江苏癌症村调查：空气污染严重　睡觉要捂住口鼻》这样一篇文章，将大气污染对人类健康的影响摆在了人们的面前。以下是报道原文：

有一家农药厂、两家化工厂的江苏省盐城市阜宁县古河镇洋桥村村民，成天闻怪味，井水不能喝，自来水有农药味。据记者初步了解，三年来，该村因癌症去世的村民已超过20人，今年又有近10人被确诊为癌症，现正在医院治疗。该村靠近农药厂和化工厂的五组、六组、七组因癌症不治去世的人数已占到这三个组三年来自然死亡人数的70%。是不是这几家化工厂的原因，还有待相关部门调查后确定，但洋桥村已经让人闻之色变。

A　空气污染，睡觉要用湿毛巾捂住口鼻

一大早，记者来到盐城市阜宁县古河镇洋桥村，迎着一股浓烈的刺鼻味道，沿着农药厂、化工厂的围墙来到该村五组。一位年长的村民得知记者的来意后告诉记者，他家隔壁陈立贵、杨寿宜夫妻分别患肺癌、食道癌于去年相继去世，该组每年都有好多人患癌症去世，尤其是近两年，肺癌、食道癌的患病率直线上升，而且患病的人越来越年轻。据该村民讲，他们居住的地方北边不远就是农药厂、化工厂，排放的工业废气味道十分难闻，村民平日都不敢开窗，夜里不得不用湿毛巾捂住口鼻才能睡觉。一位姓季的村民激动地说，今年春节，她家一位住阜城的亲戚来拜年，晚上住在他们家，睡到半夜竟嚷着要回家，原因是亲戚受不了这里的怪味。村里不少村民都已经搬走了，包括陈立贵的子女。距洋桥村不远的淮安市涟水县福兴中学众多师生也深受“毒气”之害，多次到当地政府反映，但因管辖问题，始终无法解决。

约有80%村民表示，由于受刺鼻气味的影响，他们很多时候都会感觉到肺部不适，呼吸困难，头部晕眩，特别是老人和小孩，很多人有不正常的咳嗽、胸闷现象。一位汤女士告诉记者，去年3月，她进化工厂打工，可是短短的一个月时间，她就出现全身浮肿，脸色发青等中毒症状，幸亏女儿是医生，花费近千元后才治好，从此再也不敢到化工厂打工了。当地居民表示，当地人已经很少到化工厂工作了，现在化工厂里面的工人都是外地来的，干不了多久，就都离开了。

B　河水发臭，鸭子只能放在猪圈里饲养

家靠着化工厂的梁先生一脸无奈地告诉记者，去年，他们家的几头母猪怀孕两三个月就小产；从恒河里捕捉到的鱼煮熟后，发现有农药味，自己不敢食用，结果家里的猫吃了之后很快就死了；很多人家的狗喝了恒河里的水死了。现在很多村民都不养猪了，而本当放在河里养的鸭子被他们放到了猪圈里圈养。而附近的一个蜜蜂养殖场也随着蜜蜂的纷纷死亡，蜂蜜产量的日益减少，养蜂场场主无奈将蜜蜂养殖场搬走了。随后梁先生把记者带到他家田地附近，记者看到，一截裸露在地表的长达3米的排污管道，正肆无忌惮地向麦田里排放着黏黏的黄色油状液体，排污口附近的麦苗或死或黄。他指着田间沟道里一片雪白的霜状物告诉记者说：“这些都是因为化工厂排污留下的残质，你看看。现在田间连一个麻雀都没有了。”他坦言，自家田里生产的粮食，喂了鸡，鸡就不下蛋，猪也不吃，所以他自己也不敢吃，只能出售后到镇上买别的地方生产的粮食。

记者在村民带领下又来到流经该村的已发黑、变臭的恒河。据了解，洋桥村居民对这条河很有感情，一直以来，这条河里鱼虾鲜美，很多村民的生活用水都直接取之于恒河。可现在，随着两家化工厂的先后建立，越来越多的工业污水都排入此河中。曾有一段时间，死鱼死虾浮了一条河。村民家里的井水时常有红色的漂浮物，根本不能食用。而自来水厂距农药厂、化工厂不足1000米，离农药厂、化工厂的排污口甚至不到100米，所以自来水有时都会有农药味，村民的生活用水很成问题。

C　隐形杀手，三年夺走三个组20多条人命

记者从古河镇民政办初步了解到：从2001年到2004年，洋桥村死于癌症的人数达到20人，可是记者在洋桥村五组、六组、七组三个组了解到的三年来死于癌症的数字已超过这个数据，且所得癌症多为呼吸系统、消化系统癌症。三年来，因患癌症去世的村民年龄越来越小，有些死者还不足40岁。李侍常、李王氏、张海兰、季黎生、季亚生、季永生……这些曾经鲜活的生命已化为冰冷的统计数字。而今年陆续又确诊几位癌症患者，正在治疗过程中，李文灿（59岁）、季长清（51岁）、刘玉庆（36岁）、李文国（34岁）……这些人中年龄最小的杨金巧才29岁，因患直肠癌，其家人花去近6万元。

经并村搬迁到此的现洋桥村七组村民们表示，搬到此处仅仅三年，因癌症去世的已有4人，今年又有两名被确诊为癌症。该组三年来正常死亡的人一共有6人，但因癌症去世的人数已占到了自然死亡人数的67%，五组这一比例更是高达80%。一位姓季的女村民愤恨地告诉记者，她父亲去年在田间劳作时，恰逢农药厂向外排放废气，她父亲闻到刺激味道后，立即鼻出血并晕倒。家人将其送至医院救治，经医生检查确诊为鼻咽癌，至今仍在上海某医院治疗。为何在农药厂扩建，两个化工厂建立后的三年里，洋桥村村民中的癌症患者越来越多？癌症的发病率的升高是不是和农药厂、化工厂对当地环境的污染有直接或内在的关联？

另外，在我国的其他地方，也出现了类似的情况：

无锡市崇安区广益镇广丰村：几年来因癌症去世的近20人，目前已查出患癌症者有近30人，占了全镇癌症病人总数的60%以上。广丰村周围都是化工厂，排放的工业废气味道十分难闻，横穿该村的马家河浜成了石利新村2000户居民生活污水的聚集地，邻近的液化气公司不断散发出的怪味，压得人喘不过气。

河南浚县北老观嘴村：从20世纪80年代起，邻县先后上马了很多造纸厂，大都是个体企业或承包企业，这些企业有的排放的工业废水不达标，有的甚至根本就没有排污净化设备，污水直接排入河流，导致卫河严重污染。住在两岸的很多村民近年来纷纷患上肠癌、食道癌、肝癌、胃癌等病；位于河渠交汇处的北老观嘴村情况尤为严重，近年来已有近百人患癌症陆续死亡。

第二节　大气污染及其对人类健康的影响

大气污染通常是指由于人类活动或自然过程引起某些物质进入大气中，呈现出足够的浓度，达到足够的时间，并因此危害了人体的舒适、健康或环境的现象。大气污染的产生原因有自然因素（如森林火灾、火山爆发等）和人为因素（如工业废气、生活燃煤、汽车尾气、焚烧垃圾、核爆炸等）两种，且以后者为主，尤其是工业生产和交通运输所造成的。

凡是能使空气质量变坏的物质都是大气污染物。大气污染物目前已知约有100多种，按其存在状态可分为两大类：一种是气溶胶状态污染物，另一种是气体状态污染物。气溶胶状态污染物主要有粉尘、烟液滴、雾、降尘、飘尘、悬浮物等。气体状态污染物主要有以二氧化硫为主的硫氧化合物，以二氧化氮为主的氮氧化合物，以二氧化碳为主的碳氧化合物以及碳、氢结合的碳氢化合物。

大气污染非常严重

一、大气中的主要污染物

大气中主要污染物有二氧化硫、氮氧化物、悬浮颗粒污染物、一氧化碳等。

二氧化硫（SO_2）：二氧化硫主要由燃煤及燃料油等含硫物质燃烧产生；其次是来自自然界，如火山爆发、森林起火等产生。二氧化硫对人体的危害是刺激呼吸道：二氧化硫易溶于水，当其通过鼻腔、气管、支气管时，多被管腔内膜水分吸收阻留，变成亚硫酸、硫酸和硫酸盐，使刺激作用增强。

二氧化硫和悬浮颗粒物的联合毒性作用：二氧化硫和悬浮颗粒物一起进入人体，气溶胶微粒能把二氧化硫带到肺深部，使毒性增加 3—4 倍。此外，当悬浮颗粒物中含有三氧化二铁等金属成分时，可以催化二氧化硫氧化成酸雾，吸附在微粒的表面，被带入呼吸道深部，硫酸雾的刺激作用比二氧化硫约强 10 倍。

二氧化硫的促癌作用：动物实验证明，10 毫克/立方米的二氧化硫可加强致癌物苯并（a）芘的致癌作用。在二氧化硫和苯并（a）芘的联合作用下，动物肺癌的发病率高于单个致癌因子的发病率。

此外，二氧化硫进入人体时，血中的维生素便会与之结合，使体内维生素C的平衡失调，从而影响新陈代谢。二氧化硫还能抑制和破坏或激活某些酶的活性，使糖和蛋白质的代谢发生紊乱，从而影响机体生长发育。

另外，二氧化硫对金属材料、房屋建筑、棉纺化纤织品、皮革纸张等制品容易引起腐蚀作用，导致剥落、褪色而损坏；还可使植物叶片变黄甚至枯死。国家环境质量标准规定，居住区日平均浓度应低于0.15毫克/立方米，年平均浓度应低于0.06毫克/立方米。

氮氧化物（NOx）：空气中含氮的氧化物有一氧化二氮（N_2O）、一氧化氮（NO）、二氧化氮（NO_2）、三氧化二氮（N_2O_3）等，其中占主要成分的是一氧化氮和二氧化氮，以NOx（氮氧化物）表示。NOx污染主要来源于生产、生活中所用的煤、石油等矿物燃料燃烧的产物（包括汽车及一切内燃机燃烧排放的NOx）；其次是来自生产或使用硝酸的工厂排放的尾气。当NOx与碳氢化物共存于空气中时，经阳光紫外线照射，发生光化学反应，产生一种光化学烟雾，它是一种有毒性的二次污染物。

氮氧化物主要是对呼吸器官有刺激作用。由于氮氧化物较难溶于水，因而能侵入呼吸道深部细支气管及肺泡，并缓慢地溶于肺泡表面的水分中，形成亚硝酸、硝酸，对肺组织产生强烈的刺激及腐蚀作用，引起肺水肿。亚硝酸盐进入血液后，与血红蛋白结合生成高铁血红蛋白，引起组织缺氧。在一般情况，当污染物以二氧化氮为主时，对肺的损害比较明显，二氧化氮与支气管哮喘的发病也有一定的关系；当污染物以一氧化氮为主时，高铁血红蛋白症和中枢神经系统损害比较明显。

悬浮颗粒污染物：空气中可自然沉降的颗粒物称降尘，而悬浮在空气中的直径小于100微米的颗粒物通称总悬浮颗粒物，其中粒径小于10微米的称可吸入颗粒物。可吸入颗粒物因粒小体轻，能在大气中长期飘浮，飘浮范围从几千米到几十千米，可在大气中造成不断蓄积，使污染程度逐渐加重。可吸入颗粒物数量大、成分复杂，它本身可以是有毒物质或是其他污染物的运载体。例如可吸附各种金属粉尘和强致癌物苯并（a）芘、吸附病原微生物等。

可吸入颗粒物随人们呼吸空气而进入肺部，以碰撞、扩散、沉积等方式滞留在呼吸道不同的部位，粒径小于5微米的多滞留在上呼吸道。滞留在鼻咽部和气管的颗粒物，与进入人体的二氧化硫（SO_2）等有害气体产生刺激和腐蚀黏膜的联合作用，损伤黏膜、纤毛，引起炎症和增加气道阻力。持续不断的作用会导致慢性鼻咽炎、慢性气管炎。滞留在细支气管与肺泡的颗粒物也会与二氧化氮等产生联合作用，损伤肺泡和黏膜，引起支气管和肺部产生炎症。长期持续作用，还会诱发慢性阻塞性肺部疾患并出现继发感染，最终导致肺心病死亡率增高。

悬浮颗粒物还能直接接触皮肤和眼睛，阻塞皮肤的毛囊和汗腺，引起皮肤炎和眼结膜炎或造成角膜损伤。此外，悬浮颗粒物还能降低大气透明度，减少地面紫外线的照射强度；紫外线照射不足，会间接影响儿童骨骼的发育。

悬浮颗粒污染物主要来源于煤及其他燃料的不完全燃烧而排出的煤烟、工业生产过程中产生的粉尘、建筑和交通扬尘、风的扬尘等，以及气态污染物经过物理化学反应形成的盐类颗粒物。在空气污染监测中，粒子状污染物的监测项目主要为总悬浮颗粒物、自然降尘和飘尘。

酸雨：指降水的pH值低于5.6时，降水即为酸雨。煤炭燃烧排放的二氧化硫（SO_2）和机动车排放的氮氧化物（NOx）是形成酸雨的主要因素。在污染的空气中，SO_2被氧化成SO_3，遇上雨水变成硫酸而成酸雨。同样，NO在空气中被氧化成NO_2，遇上雨水变成硝酸而成酸雨。其次气象条件和地形条件也是影响酸雨形成的重要因素。酸雨可以直接危害人体的呼吸系统、眼睛和皮肤，产生哮喘、咳嗽、眼睛和鼻子过敏。酸雨还可使水体和土壤酸化，使铅、镉、汞等金属析出，通过鱼和农作物的富集，再通过食物链的作用，影响人体健康。此外，酸雨还会对森林、农作物、建筑物和材料产生明显的损害。

一氧化碳（CO）：俗称煤气，是一种无色、无味、无臭、无刺激性的有毒气体，几乎不溶于水，在空气中不容易与其他物质产生化学反应，故可在大气中停留很长时间。

一氧化碳是煤、石油等含碳物质不完全燃烧的产物。一些自然灾害如火山爆发、森林火灾、矿坑爆炸和地震等，也能造成局部地区一氧化碳的浓度增高。吸烟也被认为是一氧化碳污染来源之一。如局部污染严重，可对健康产生一定危害等。空气中一氧化碳浓度到达一定高度，就会引起种种中毒症状，甚至死亡。

随空气进入人体的一氧化碳，在经肺泡进入血液循环后，能与血液中的血红蛋白（Hb）等结合。一氧化碳与血红蛋白的亲和力比氧与血红蛋白的亲和力大200多倍，因此，当一氧化碳侵入机体后，便会很快与血红蛋白合成碳氧血红蛋白（COHb），阻碍氧与血红蛋白结合成氧合血红蛋白（HbO_2），造成缺氧，形成一氧化碳中毒。当吸入浓度为0.5%的一氧化碳，只要20—30分钟，中毒者就会出现脉弱，呼吸变慢，最后衰竭致死。这种急性一氧化碳中毒，常发生在车间事故和家庭取暖不慎时。

长时间接触低浓度的一氧化碳对人体心血管系统、神经系统乃至对后代均有一定影响。我国空气环境质量标准规定居住区一氧化碳日平均浓度应低于4.00毫克/立方米。

光化学烟雾：光化学烟雾是排入大气的氮氧化物和碳氢化物受太阳紫外线作用产生的一种具有刺激性的浅蓝色的烟雾。它包含有臭氧（O_3）、醛类、硝酸酯类（PAN）等多种复杂化合物。这些化合物都是光化学反应生成的二次污染物，主要是光化学氧化剂。当遇逆温或不利于扩散的气象条件时，烟雾会积聚不散，造成大气污染事件，使人眼和呼吸道受刺激或诱发各种呼吸道炎症，危及人体健康。

这种污染事件最早出现在美国洛杉矶，所以又称洛杉矶光化学烟雾。光化学烟雾事件不仅在美国出现过，而且在日本的东京、大阪、川崎市，澳大利亚的悉尼，意大利的热那亚和印度的孟买等许多汽车众多的城市都先后出现过。

大气中的氮氧化物和碳氢化物主要来自汽车尾气、石油和煤燃烧的废气及大量使用挥发性有机溶剂等。在太阳紫外线的作用下，产生化学反应，生成臭氧和醛类等二次污染物。在光化学反应中，臭氧约占85%以上。

日光辐射强度是形成光化学烟雾的重要条件，因此在一年中，夏季是发生光化学烟雾的季节；而在一日中，下午2时前后是光化学烟雾达到峰值的时刻。光化学氧化剂可由城市污染区扩散到100千米甚至700千米以外。在汽车排气污染严重的城市，大气中臭氧浓度的增高，可视为光化学烟雾形成的信号。

光化学烟雾对人体最突出的危害是刺激眼睛和上呼吸道黏膜，引起眼睛红肿和喉炎，这可能与产生的醛类等二次污染物的刺激有关。光化学烟雾对人体的另一些危害则与臭氧浓度有关。臭氧在高层（10—50千米）则可阻挡紫外光对人体的危害作用，而对人体健康有保护作用。但当低空大气中臭氧的浓度达到200—1000微克/立方米时，则对人体健康有害，不仅会引起哮喘发作，导致上呼吸道疾患恶化，同时也刺激眼睛，使视觉敏感度和视力降低；浓度在400—1600微克/立方米时，只要接触两小时就会出现气管刺激症状，引起胸骨下疼痛和肺通透性降低，使机体缺氧；浓度再高，就会出现头痛，并使肺部气道变窄，出现肺气肿。接触时间过长，还会损害中枢神经，导致思维紊乱或引起肺水肿等。臭氧还可引起潜在性的全身影响，如诱发淋巴细胞染色体畸变、损害酶的活性和溶血反应、影响甲状腺功能、使骨骼早期钙化等。长期吸入氧化剂会影响体内细胞的新陈代谢，加速衰老。

氟（F）化物：指以气态与颗粒态形式存在的无机氟化物。主要来源于含氟产品的生产、磷肥厂、钢铁厂、冶铝厂等工业生产过程。氟化物对眼睛及呼吸器官有强烈刺激，吸入高浓度的氟化物气体时，可引起肺水肿和支气管炎。长期吸入低浓度的氟化物气体会引起慢性中毒和氟骨症，使骨骼中的钙质减少，导致骨质硬化和骨质疏松。我国环境空气质量标准规定城市地区日平均浓度应低于7微克/立方米。

铅（Pb）及其化合物：指存在于总悬浮颗粒物中的铅及其化合物。主要来源于汽车排出的废气。铅进入人体，可大部分蓄积于人的骨骼中，损害骨骼造血系统和神经系统，对男性的生殖腺也有一定的损害。引起临床症状为贫血、末梢神经炎，出现运动和感觉异常。我国尿铅80微克/升为正常值，血铅正常值小于50微克/毫升。

二、大气污染主要过程

大气污染的主要过程由污染源排放、大气传播、人与物受害这三个环节所构成。影响大气污染范围和强度的因素有污染物的性质（物理的和化学的）、污染源的性质（污染源的强度、污染源的高度、污染源区域内的温度、排气速率等）、气象条件（风向、风速、温度层结等）、地表性质（地形起伏、粗糙度、地面覆盖物等）。

大气中有害物质的浓度越高，污染就越重，危害也就越大。污染物在大气中的浓度，除了取决于排放的总量外，还同排放源高度、气象和地形等因素有关。

污染物一进入大气，就会稀释扩散。风越大，大气湍流越强，大气越不稳定，污染物的稀释扩散就越快；相反，污染物的稀释扩散就慢。在后一种情况下，特别是在出现逆温层时，污染物往往可积聚到很高的浓度，造成严重的大气污染事件。降水虽可对大气起净化作用，但因污染物随雨雪降落，大气污染会转变为水体污染和土壤污染。

地形或地面状况复杂的地区，会形成局部地区的热力环流，如山区的山谷风、滨海地区的海陆风，以及城市的热岛效应等，都会对该地区的大气污染状况发生影响。

烟气运行时，碰到高的丘陵和山地，在迎风面会发生下沉作用，引起附近地区的污染。烟气如越过丘陵，在背风面出现涡流，污染物聚集，也会形成严重污染。在山间谷地和盆地地区，烟气不易扩散，常在谷地和坡地上回旋。特别在背风坡，气流做螺旋运动，污染物最易聚集，浓度就更高。夜间，由于谷底平静，冷空气下沉，暖空气上升，易出现逆温，整个谷地在逆温层覆盖下，烟云弥漫，经久不散，易形成严重污染。

早期的大气污染，一般发生在城市、工业区等局部地区，在一个较短的时间内大气中污染物浓度显著增高，使人或动物、植物受到伤害。20 世纪 60 年代以来，一些国家采取了控制措施，减少污染物排放或采用高烟囱使污染物扩散，大气的污染情况有所减轻。

虽然现在人们已经开始重视城市空气环境的问题，而将污染较重的工厂搬出了城市，但仍然在离城市不远的郊区，随着空气的流动，或多或少地还会对城市空气产生影响。并且城中仍然有不少轻工业制造厂、加工厂，它们排出的废气、锅炉排出的煤烟仍然是一些城市空气的主要污染源。工业废气中包括硫、氮、碳的氧化物，挥发性有机化合物及其他化合物等。

现在采取的废气排放措施中有的是采用了高烟囱排放，然而，高烟囱排放只是降低了污染物的近地面浓度，而把污染物扩散到更大的区域，从而造成远离污染源的广大区域的大气污染。另外，大气层核试验的放射性降落物和火山喷发的火山灰可广泛分布在大气层中，造成全球性的大气污染。

三、大气污染的一般危害

大气污染的危害是多方面的。大气污染可使植物生理机制受压抑，成长不良，抗病虫能力减弱，甚至死亡；大气污染物能腐蚀物品，影响产品质量。近十几年来，不少国家发现酸雨，雨雪中酸度增高，使河流、湖泊、土壤酸化，鱼类减少甚至灭绝，森林发育受影响。当烟囱排放出的二氧化硫酸性气体，或汽车排放出来的氮氧化物烟气上升到空中与水蒸气相遇时，就会形成硫酸和硝酸小滴，使雨水酸化，这时落到地面的雨水就成了酸雨。煤和石油的燃烧是造成酸雨的主要祸首。酸雨会对环境带来广泛的危害，造成巨大的经济损失，如腐蚀建筑物和工业设备；破坏露天的文物古迹；损坏植物叶面，导致森林死亡；使湖泊中鱼虾死亡；破坏土壤成分，使农作物减产甚至死亡。

四、大气污染对人类健康的危害

对于人类来说，大气污染最大的危害是对人体健康的危害。由于人们一刻也不能停止呼吸，空气中氧含量的下降，会直接影响到人体的新陈代谢。同时空气污染物可以随呼吸进入呼吸道刺激鼻黏膜、气管黏膜和肺，也可直接刺激皮肤、眼睛等，造成这些器官的损害，其中，以呼吸系统疾病为主，特别是未成年的儿童更加敏感。呼吸道是空气污染物侵入人体的第一道防线，突破第一道防线后，就会通过血液循环侵入到体内其他脏器。随空气污染物的种类、浓度和作用时间的不同，会引起人的慢性中毒和远期危害。

1. 大气污染对呼吸系统健康的影响

大气污染物通过呼吸道侵入人体，有害气体和微小颗粒可以到达肺的内部。如果长期受到有害气体和颗粒污染物作用，就会使肺功能降低，使呼吸道自身的防御功能减弱或破坏，导致慢性的感染和炎症，最终导致呼吸系统的病理改变，常表现为慢性阻塞性肺部疾患，如慢性支气管炎、肺气肿、支气管哮喘等，最后发展为肺源性心脏病，最终可因呼吸、循环衰竭而死亡。

有害气体中，二氧化硫对人体的结膜和上呼吸道黏膜有强烈刺激性，可损伤呼吸器官，导致鼻炎、支气管炎、支气管哮喘、肺炎，甚至肺水肿等。短期接触二氧化硫浓度为0.5毫克/立方米的空气，老年或慢性病人死亡率会增高；浓度高于0.25毫克/立方米，可使呼吸道疾病患者病情恶化；长期接触浓度为0.1毫克/立方米空气的人群呼吸系统病症增加。二氧化硫和其二次污染物亚硫酸及硫酸还可腐蚀呼吸道组织，引起炎症、坏死。据研究，二氧化硫还可促进空气中的苯并（a）芘的致癌作用。

大气中的氮氧化物主要是一氧化氮和二氧化氮。化工生产和汽车尾气均可产生一氧化氮和二氧化氮。一氧化氮无刺激性，但可转化为亚硝酸根，引起高铁血红蛋白血症，损害血液的携氧能力，导致组织缺氧和中枢神经损害。二氧化氮则具有较强的刺激性和腐蚀性，可导致肺充血、肺水肿。

氮氧化物和碳氢化合物在太阳紫外线的照射下可发生光化学反应，产生二次污染物——光化学烟雾，主要成分有臭氧、甲醛、丙烯醛、过氧乙酰硝酸酯等，由于这些物质具有较强的氧化性，故又称光化学氧化剂。这些二次污染物刺激性更强，能够造成呼吸道、肺和眼的刺激，且可诱发像过敏性鼻炎、支气管哮喘等变态反应性疾病。

大气中的飘尘颗粒物，可长期悬浮在空气中。飘尘颗粒物的成分依来源的不同而不同，包括金属、石英、石棉、水泥、有机物等。飘尘颗粒物具有很强的吸附力，能吸附空气中的许多污染物，包括化学污染物和细菌等病原体。吸附二氧化硫的飘尘常常是引起哮喘发作的变应原。生产环境的飘尘以及更大的粉尘常常导致尘肺的产生。

2. 大气污染与癌症的关系

大气污染物中所含致癌物质种类繁多，根据动物实验及流行病学调查，证明具有致癌作用的大气污染物有30多种。如多环芳烃类、硝基多环芳烃类、芳香胺类等，常常由汽车尾气、工厂废气、烟尘及煤焦油、沥青等有机物的高温裂解产生，其典型代表3,4-苯并芘，是全世界公认的一类致癌物质，与肺癌、皮肤癌、胃癌、食道癌、乳腺癌等的发生有密切的相关。根据美国有关研究，大气中3,4-苯并芘的浓度每立方米增加0.001微克，肺癌死亡率就会增加5%。如果和飘尘颗粒物中的镍、镉、铬、砷等致癌物质结合将增大其致癌性。这些致癌物质常常在污染严重的空气中浓度较高，并且与当地居民肺癌的增加有密切的关系。

3. 大气污染对神经系统和心血管系统健康的影响

大气污染物不仅通过呼吸道进入人体，也可进入血液，对人体的其他部位产生毒害作用，造成神经系统、心血管系统、骨骼系统等全身重要器官的损害。一氧化碳是煤、石油等矿物燃料燃烧不完全时所产生的一种气态污染物，香烟中也含有大量的一氧化碳。一氧化碳经呼吸道吸入时不产生刺激作用，因而不易被察觉。进入人体后，一氧化碳很快与红细胞中的血红蛋白结合，形成碳氧血红蛋白，使血红蛋白的携氧能力降低，最终导致组织缺氧。由于神经系统和心血管系统的组织对缺氧特别敏感，所以容易导致神经系统和心血管系统的功能紊乱。如果长时间接触一氧化碳超标浓度的空气环境，则可导致神经系统和心血管系统的慢性器质性损害。另外，如果空气中二氧化碳的浓度过高，也会导致组织缺氧，出现呼吸急促、乏力、头痛、眩晕、惊厥等症状。空气中的甲醛，飘尘中的铅、砷、汞等都对神经组织具有毒性作用。

4. 大气污染对免疫系统的影响

大气中的飘尘颗粒污染物吸入肺后在肺中聚集，首先影响局部的免疫功能，使抗细菌、抗病毒的能力下降；颗粒污染物还可使呼吸道纤毛运动能力降低，使附着在呼吸道表面的异物难于清除，从而导致机体抵抗力下降；颗粒污染物对肺组织中的免疫巨噬细胞具有明显的毒性作用，降低巨噬细胞的吞噬能力，从而降低肺的免疫功能。

大气中的气态污染物，如二氧化硫、氮氧化物等可降低机体对细菌和病毒的清除能力。二氧化氮还可抑制巨噬细胞产生干扰素，使机体对病毒的抵抗力降低。全身免疫功能在长期低浓度气态污染物作用下也会发生明显改变，一般早期表现为免疫功能过度增高，出现免疫性疾病，而后期则表现为细胞免疫和体液免疫都下降。

大气污染还能对气候产生不良影响，如降低能见度，减少太阳辐射（据资料表明，城市太阳辐射强度和紫外线强度要分别比农村减少10%—30%和10%—25%）而导致城市佝偻发病率增加。

第三节　大气污染造成的公害事件

公害事件是指因环境污染造成的在短时期内人群大量发病和死亡的事件。自20世纪30年代开始，比利时、美国、英国、日本等都先后发生了大气烟雾污染的公害事件。20世纪60年代以前，世界上发生的八大公害事件中，大气烟雾污染事件就占了五起。我们应从发达国家的这些污染教训中吸取经验，以免重蹈覆辙，再走弯路。

一、马斯河谷烟雾事件：1930年12月1—5日

比利时马斯河谷烟雾事件是世界有名的公害事件之一，1930年12月1—5日发生在比利时马斯河谷工业区。由于该工业区处于狭窄的河谷中，即马斯峡谷的列日镇和于伊镇之间，两侧山高约90米。许多重型工厂分布在那里，包括炼焦、炼钢、电力、玻璃、炼锌、硫酸、化肥等工厂，还有石灰窑炉。12月1—5日时值隆冬，大雾笼罩了整个比利时大地。由于该工业区位于狭长的河谷地带，发生气温逆转，大雾像一层厚厚的棉被覆盖在整个工业区的上空，工厂排出的有害气体在近地层积累，无法扩散，二氧化硫的浓度也高得惊人。3日这一天雾最大，加上工业区内人烟稠密，整个河谷地区的居民有几千人生起病来。病人的症状表现为流泪、喉痛、声嘶、胸痛、咳嗽、呼吸困难、恶心、呕吐等。一星期内，有60多人死亡，其中以原先患有心脏病和肺病的人死亡率最高。与此同时，许多家畜也患了类似病症，死亡的也不少。

据推测，事件发生期间，大气中的二氧化硫浓度竟高达25—100毫克/立方米，空气中还含有有害的氟化物。专家们在事后进行分析认为，此次污染事件，几种有害气体与煤烟、粉尘同时对人体产生了毒害。这是20世纪最早记录的公害事件。

二、洛杉矶光化学烟雾事件：1943年夏季

1943年美国西海岸的洛杉矶市。该市250万辆汽车每天燃烧掉1100吨汽油。汽油燃烧后产生的碳氢化合物等在太阳紫外光线照射下引起化学反应，形成浅蓝色烟雾，使该市大多市民患了喉咙发炎、眼睛发红、鼻子受刺激、头痛、恶心等症状。开始人们并不知道这种蓝色烟雾的来源，经过长期的调查研究，直到1951年才发现这种烟雾是汽车尾气造成的，后来人们称这种污染为光化学烟雾。1955年和1970年洛杉矶又两度发生光化学烟雾事件，前者有400多人因中毒、呼吸衰竭而死，后者使全市3/4的人患病。

三、多诺拉烟雾事件：1948年10月26—31日

美国的宾夕法尼亚州多诺拉城有许多大型炼铁厂、炼锌厂和硫酸厂。由于该城处于河谷，1948年10月最后一个星期，大部分地区受反气旋和逆温控制，加上26—30日持续有雾，工厂排出的有害气体扩散不出去，使大气污染物在近地层积累。二氧化硫及其氧化作用的产物与大气中尘粒结合是致害因素，全城14000人中有5911人发病，占全镇人口43%。症状主要是眼痛、喉痛、流鼻涕、干咳、头痛、肢体酸乏、呕吐、腹泻，事件造成17人死亡。

四、伦敦烟雾事件：1952年12月5—8日

英国伦敦市。自1952年以来，伦敦发生过12次大的烟雾事件，与洛杉矶光化学烟雾事件不同，伦敦烟雾事件的祸首则是燃煤排放的粉尘和二氧化硫。烟雾逼迫所有飞机停飞，汽车白天开灯行驶，行人走路都困难，烟雾事件使呼吸疾病患者猛增。1952年12月那一次，5天内有4000多人死亡，2个月内又有8000多人死去。

五、四日市哮喘病事件：1955—1963 年

最早发生在日本四日市的一种以阻塞性呼吸道疾患为特征的公害病，包括支气管哮喘、慢性支气管炎、哮喘性支气管炎和肺气肿等，其中尤以支气管哮喘最为突出，故被定名为四日市哮喘。

四日市位于日本伊势湾西岸，1955—1963 年间，相继兴建了三座石油化工联合企业，每年排出大量的硫氧化物、碳氢化物、氮氧化物和飘尘等污染物，造成严重的大气污染。随着污染的日趋严重，支气管哮喘患者显著增加，这种情况引起各界广泛注意，人们遂开始探索致喘原因。据四日市医师会调查资料证明，患支气管哮喘的人数在严重污染的盐浜地区比非污染的对照区约高 2—3 倍。发生支气管哮喘的原因一般有家族遗传因子和对室内尘埃过敏因素。从家族史调查和室内尘埃提取液皮内试验的结果都表明，污染区患者检出的阳性率低于对照区的患者。这说明室内尘埃和遗传因子，不是四日市支气管哮喘高发的致喘因素。另外，新患者一旦脱离大气污染环境，就能取得良好的疗效，从而推断局部的大气污染是主要的致喘因素。后来的观察又发现，哮喘病患者的发病和症状的加重都与大气中二氧化硫的浓度呈明显相关关系，进而认为二氧化硫是与哮喘密切相关的因素。

六、印度博帕尔事件：1984 年 12 月 3 日

1984 年 12 月 3 日凌晨，坐落在博帕尔市郊的“联合碳化杀虫剂厂”因管理混乱，操作不当，致使地下储罐内剧毒的甲基异氰酸脂因压力升高而爆炸外泄，受害面积达 40 平方千米。45 吨毒气形成一股浓密的烟雾，以每小时 5000 米的速度袭击了博帕尔市区。1 小时后有毒烟雾袭向这个城市，形成了一个方圆 25 英里的毒雾笼罩区。首先是近邻的两个小镇上，有数百人在睡梦中死亡。随后，火车站里的一些乞丐死亡。毒雾扩散时，居民们有的以为是“瘟疫降临”，有的以为是“原子弹爆炸”，有的以为是“地震发生”，有的以为是“世界末日的来临”。一周后，有 2500 人死于这场污染事故，另有 1000 多人危在旦夕，3000 多人病入膏肓。在这一污染事故中，有 15 万人因受污染

危害而进入医院就诊，事故发生 4 天后，受害的病人还以每分钟一人的速度增加。这次事故还使 5 万多人双目失明，孕妇流产或产下死婴，数千头牲畜被毒死。

博帕尔的这次公害事件是有史以来最严重的因事故性污染而造成的惨案。

七、切尔诺贝利核漏事件：1986 年 4 月 27 日

1986 年 4 月 27 日早晨，位于乌克兰基辅市郊的切尔诺贝利核电站，由于管理不善和操作失误，4 号反应堆爆炸起火，致使大量放射性物质泄漏，引起一系列严重后果。上万人受到辐射伤害，直接死亡 31 人，13 万居民被疏散。这次核污染飘尘给邻国也带来严重灾难，带有放射性物质的核尘埃云团随风飘到丹麦、挪威、瑞典和芬兰等国，瑞典东部沿海地区的辐射剂量超过正常情况时的 100 倍。核电站周围的庄稼全被掩埋，少收 2000 万吨粮食；距电站 7000 米内的树木全部死亡；此后半个世纪内，10 千米内不能耕作放牧，100 千米内不能生产牛奶。当时预测，这场核灾难，还可能导致日后十年中 10 万居民患肺癌或骨癌而死亡。这是世界上最严重的一次核污染。

第四节　让呼吸变得自由

大气污染对人类健康的影响是很大的。为改善大气质量状况，改善人民群众的生活环境，提高人类健康的水平，我们必须保护好环境，降低大气污染，使人们生活在清新的空气当中。为了减小大气污染，可以从以下几个方面入手。

一、改善能源结构，减少废气排放

造成大气污染的最主要原因就是对传统能源的过度使用，而新能源在自然界大量存在，比如我们所熟知的太阳能、风能、潮汐能、地热能以及核能等，都是干净的新能源。

人类渴望自由地呼吸

目前，世界上已有的火力发电厂的总装机容量约为10亿千瓦左右。这样庞大的火力发电站能产生巨大的功率，可是，这些功率还不到太阳投送地球功率的十七万分之一。如果改用太阳能发电，按现有功率计算，每年可节约煤炭7.8亿吨。这意味着每年可少排放46000万吨二氧化硫，6240万吨二氧化氮，1560万吨一氧化碳，78万吨致癌力很强的3,4-苯并芘。

风能是一种可再生、无污染而且储量巨大的能源。风能的利用主要是以风能作动力和风力发电两种形式，其中又以风力发电为主。以风能作动力，就是利用风来直接带动各种机械装置，如带动水泵提水等。这种风力发动机的优点是投资少、工效高、经济耐用。利用风力发电，以丹麦应用最早，而且使用较普遍。我国风力资源丰富，可开发利用的风能储量为10亿千瓦。对风能的利用，特别是对我国沿海岛屿、交通不便的边远山区、地广人稀的草原牧场，以及远离电网的农村、边疆，作为解决生产和生活能源的一种可靠途径，具有十分重要的意义。

潮汐能是一种不消耗燃料，没有污染，不受洪水或枯水影响，用之不竭的再生能源。在海洋各种能源中，潮汐能的开发利用最为现实、最为简便。我国早在20世纪50年代就已开始利用潮汐能，在这一方面是世界上起步较早的国家。我国潮汐能的理论蕴藏量达到 1.1 亿千瓦，在我国沿海，特别是东南沿海有很多地区能量密度较高。其中浙江、福建两省蕴藏量最大，约占全国的 80.9%。

地热能是由地壳抽取的天然热能，这种能量来自地球内部的熔岩，并以热力形式存在，地热能是可再生资源。地热能的利用，主要有地热发电、地热供暖、地热务农、地热行医几个方向。地热发电是地热利用的最重要方式。地热发电和火力发电的原理是一样的，都是利用蒸汽的热能在汽轮机中转变为机械能，然后带动发电机发电。然而，地热发电不像火力发电那样要装备庞大的锅炉，也不需要消耗燃料，它所用的能源就是地热能。将地热能直接用于采暖、供热和供热水是仅次于地热发电的地热利用方式。地热在农业中的应用范围十分广阔。如利用温度适宜的地热水灌溉农田，可使农作物早熟增产；利用地热水养鱼，在 28℃ 水温下可加速鱼的育肥，提高鱼的出产率；利用地热建造温室，育秧、种菜和养花；利用地热给沼气池加温，提高沼气的产量等。地热在医疗领域的应用有诱人的前景，由于地热水是从很深的地下提取到地面，除温度较高外，常含有一些特殊的化学元素，从而使它具有一定的医疗效果。充分发挥地热的医疗作用，发展温泉疗养行业是大有可为的。

核能利用是对核裂变所释放出的热能进行利用的一种能源利用方式，目前主要用途为核能发电。核能发电与火力发电极其相似，只是以核反应堆及蒸汽发生器来代替火力发电。由于核电站在运行的过程中，设置了一套完善的“三废”处理系统，有效地阻止或减少了放射性物质向环境释放，从而保护了环境和保障了公众的健康。因此，核能也被认为是一种安全、清洁、经济、可靠的能源。

二、加强废气产生和排放的控制

除了改善能源结构，增加新能源的使用比例外，减少大气污染的最主要手段，便是对影响大气质量的废气产生和排放加强控制。

可以采取的措施主要有：对燃料进行预处理（如燃料脱硫，煤的液化和气化），以减少燃烧时产生污染大气的物质；改进燃烧装置和燃烧技术，如改革炉灶，采用沸腾炉燃烧等，以提高燃烧效率和降低有害气体排放量；采用无污染或低污染的工业生产工艺，如不用和少用易引起污染的原料，采用闭路循环工艺等；节约能源和开展原料综合利用；加强企业管理，严格控制新污染源的产生，加强企业锅炉及小浴池锅炉的废气治理，确保处理效率，提高烟控区大气的质量，减少事故性排放和逸散；及时清理和妥善处置工业、生活和建筑废渣，减少地面扬尘；加强对机动车尾气的监督管理，对检测不合格的车辆要安装净化设备，对超标严重的车辆要强行淘汰。

三、加强绿化，美化环境

人们都有这样的感受，当你在闷热的夏季来到凉爽的海滨或喷水池边时，会感到心旷神怡；雷雨之后，到屋外走一走，也会感到空气清新，呼吸舒畅，其原因是空气中的负离子起的作用。负离子，又叫阴离子或轻离子，是一种带负电荷的气体原子。这是空气在受到太阳光中的紫外线、宇宙间的宇宙线，以及水、土壤中微量放射性物质的辐射，和闪电、雷鸣、刮风、下雨等其他环境因素的影响下，放出电子，与空气中的氧、氮、二氧化碳中性分子或原子相结合而形成的带负电荷的阴离子。这种现象就是空气的离子化现象。

也正由于空气中的负离子有上述许多作用，故被人们称为“空气维生素”。但这些负离子太娇弱了，它在空气污染的环境里，几分钟甚至几秒钟就会“夭折”。原因是负离子本身带电，它一旦跟尘埃等空气污染物接触，电性就会被中和，负离子也就会消失。尤其在人口稠密、烟雾弥漫的工业城市和通风不良、空气混浊的环境里，阴离子简直难以存身。

所以，不难看出，注意加强绿化是多么重要，尤其是由于种种污染破坏了美丽的自然环境，使生态失去了平衡的现代化社会里，人工创造一个良好优美的环境就显得更为重要。如果在城市居民区及工厂建设时留有足够的绿地，种植一些高吸附率的植物，以吸附悬浮微粒、二氧化硫、氮氧化物，那么，对于人类健康将具有重要意义。

第三章 水体污染与人类健康

水是地球上一切生命不可缺少的基本物质，是人类社会赖以生存和发展的宝贵自然资源。21 世纪以来，由于世界各国工农业迅速发展，城市人口急剧增加，生产和生活的用水量也随之剧增。同时，大量工业生产废水和生活污水排入江河、湖泊及渗入地下，使众多水源遭受污染，导致包括我国在内的许多国家面临严重缺水形势。

水里有了毒，生存都成了问题，谈何发展？

第一节 淮河边的“癌症村”

2004 年 8 月 15 日，中央电视台《新闻调查》节目播出了一期水体污染导致人们健康遭到严重影响的节目。以下为报道摘录：

河南省沈丘县周营乡黄孟营村坐落于淮河最大的支流——沙颍河畔，大约从十几年前开始，这个美丽的村庄就逐渐开始被癌症的阴影所笼罩。

黄孟营村是一个大的行政村，包括黄孟营、苏楼、李寨三个自然村。这个村庄有 2471 人、726 户，人均耕地还不到一亩，人均年收入不足 800 元。在沈丘县这个国家级贫困县里，黄孟营村也算得上一个贫困村。

根据村委会对 1990 年到 2004 年全村死亡情况的统计，14 年中共死亡 204 人，年平均死亡率达到了 8.2‰，而以往该村的自然死亡率在 5‰左右，死亡率明显偏高。在死亡的人中，癌症 105 人，占死亡总人数的 51.5%；正常死亡 77 人，占 37.7%；不明死因的 22 人，占 10.8%；癌症的患病率也明显偏高。癌症死亡年龄大多为50岁左右，最小的只有1岁。在调查走访过程中，记者发现黄孟营村的残疾及其他疑难病症也很多，据统计，村里失明、聋哑、四肢残疾的有41人。

据记者调查，黄孟营村村民的食物与一般北方农村基本相同，村庄周围也确实没有什么空气污染源。如果不是空气、食物这些因素，那么最有可能导致癌症的就只能是村民的饮用水了。黄孟营村有大小16个坑塘，300多亩水域，占全村总面积的1/5，各个坑塘之间又有四通八达的沟渠相连，村外还有三条大的干渠环绕整个村庄。100多名癌症患者基本都居住在坑塘和沟渠的附近，而坑塘和沟渠周围几百米内的人家几乎都有消化道类的疾病。看来造成癌症、疾病和死亡的最大可能就是水污染。

那么水里究竟有什么物质，怎样危害着人的生命？为了搞清楚这些问题，记者从离这里最近的安徽省阜阳市请来了一些专业人员，准备从村子里五个不同的水域取出五种不同的水样进行科学检测。这五种不同的水样分别取自村里的坑塘、村外的干渠和村民家里深度不同的压水井，只要按照水被污染的顺序检测出污染源、地表水和地下饮用水的污染物成分，村里的癌症、疾病、死亡与水污染存在着什么样的关系就能够得到科学的解释了。坑塘里的水属于地表水，由阜阳市环保监测站负责检测；压水井属于地下浅层饮用水，由阜阳市疾病预防控制中心负责检测。

据村里人讲，流入黄孟营村的水来自于2000米以外的沙颍河，当地老百姓习惯地把沙颍河流入到沈丘段称为沙河，而沙颍河是淮河最大的支流，也是历年来污染最严重的一段水域，在我们的请求下，工作人员也从沙颍河取了水样，现在从表面上看沙颍河是黑色的。

据阜阳市环保监测站提供的水质化验结果表明，沙河沈丘段、黄孟营村水塘、干渠等三种水的化学需氧量，也就是COD，以及氨氮等五项指标已经超过五类水的标准，属于劣五类水。根据我国《地表水环境质量标准》，沙河和黄孟营村的地表水这种劣五类水已经没有任何利用价值，既不能用于工业，也不能用于农业灌溉，更不能作为公共给水的水源。

另据阜阳市疾病预防控制中心对压水井饮用水的检测报告，黄孟营村8

米、10 米、30 米三种压水井的水质都不同程度地超过了《国家饮用水水质卫生规范》的标准，水井越浅，超标的项目越多，污染物的含量也越高。村民孙德义家中 8 米深的水井中有八项污染物超标，而村里的压水井大多在 8 米左右。三种压水井的超标项目主要包括：硝酸盐氮、锰和总硬度。其中 8 米井的硝酸盐氮超标近 3 倍，锰超标近 6 倍，总硬度超标近 3 倍。

专家认为，过量地摄入高硝酸盐氮的水或者食物会诱发一些消化道癌症，比如像食道癌、胃癌，甚至肝癌。亚硝铵含量过高会引起体内的一些机体的变化，就是说它本身是一个致癌因素，它活化一些致癌物质，诱变癌基因，从而引起肿瘤。在短时间可能看不出来，但随着时间的延长可能发病率也越高。村子里面哑巴、残疾等很多很可能是锰超标造成的。国际上研究都发现，锰对大脑神经有明显影响，高锰暴露的话，会对大脑产生危害，会产生大脑皮层的一些坏死，对人的智力发育或者对大脑的神经活动都会产生一些干扰或者危害。

根据科学的检测和专家的分析，黄孟营村十几年来发生的癌症、残疾甚至儿童的先天性心脏病都与水污染有着密切的关联。而就在这十几年间，黄孟营村的水质发生了很大的变化。听村里人说，十几年前的黄孟营碧水荡漾，鱼虾成群，可以称得上江北鱼米之乡。每到下午 5 点钟以后坑塘里洗澡的人很多，坑塘就像一个大游泳池。1990 年以后，坑塘里洗澡的人没有了，因为洗完澡之后，浑身会起疙瘩，痒痒得难受。

自从沙颍河的污水流入了黄孟营，干渠和坑塘里的水越来越黑，水里的鱼虾逐渐绝迹，而村里的癌症和死亡却一年比一年多。那么，沙颍河的河水究竟是怎样被污染的呢？沙颍河是淮河最大的支流，全长 619 千米，占淮河来水量的 60% 以上。从 20 世纪 80 年代末开始，上游的郑州、开封、漯河、许昌、周口等地的工业污水和生活污水全都被排放到沙颍河支流，在周口汇入沙颍河。刘加强一直是沈丘县环保局局长，他见证了沙颍河十几年来被污染的历史。

在淮河两岸流传着这么一首歌谣：（20 世纪）50 年代淘米洗菜，60 年代洗衣灌溉，70 年代水质变坏，80 年代鱼虾绝代，90 年代拉稀生癌。

槐店大闸曾经使沈丘县成为全国有名的粮食高产县，但是自从清水变成了污水，四通八达的干渠水网把上亿立方米的污水送到了全县每一个村庄，全县21个乡镇全部被污染，给沈丘的百万人民带来了巨大而持久的灾难。少数企业获得的经济效益，却是以百万人民的生命健康和灾难性损失为代价。算过这个经济账吗？

在媒体集中报道了淮河流域的一些“癌症村”之后，国务院总理温家宝作出批示，要求“对淮河流域肿瘤高发问题开展深入调查研究”。研究人员在淮河流域进行的初步调查，已经证实了部分“癌症村”的存在。卫生部统计信息显示，位于淮河流域上中游的河南省沈丘县、安徽省阜阳市颍东区等地区，其癌症死亡率已经高出全国平均水平。不仅如此，从淮河流域的上游、中游到下游，消化系统肿瘤的死亡率呈现出梯度上升趋势，下游一些地区又比上中游地区“高出很大一截”。这不能不让人怀疑，在淮河流域的一些地区，环境污染可能加剧了癌症发病的增长势头。

从某种程度上讲，淮河流域或其他一些村庄的癌症问题，仅仅是中国经济发展负面影响的一个缩影，它向我们敲响了环境保护的警钟。

第二节 水体污染及其对人类健康的影响

水体系河流、湖泊、沼泽、水库、地下水、冰川和海洋等“贮水体”的总称。

水体污染是指排入水体的污染物在数量上超过了该物质在水体中的原有含量和自净能力，从而导致水体的物理特征、化学特征发生不良变化，破坏了水中固有的生态环境，破坏了水体的功能及其在人类生活和生产中的有效利用，危害人体健康，造成水质恶化的现象。

所以，防治水污染、保护水环境，已成为当今世界性的问题，更是我国环境保护工作的当务之急。

水污染非常普遍

一、水体污染的来源

水体污染物的来源主要有：工业废水、生活污水、农业污水、工业及矿山废渣、大气中污染物、天然污染物等。

工业废水：未经处理的工业废水直接排放是水体的重要污染源，具有量大、面广、成分复杂、毒性大、不易净化、难处理等特点。工业废水最常见于化学工业、造纸工业、食品加工业、金属制品工业、钢铁工业、皮革印染工业。我国每年约有1/3的工业废水未经处理就直接排入水域，而且违规偷排十分严重。

例如，黑龙江省佳木斯市每年仅工矿企业不经处理直接排放江河的废水达1亿多吨，工业废渣、生活垃圾年堆放量140多万吨，其中化工废渣中的硝基化合物和酚严重污染了市区及周围地下水，污染物含量超标几百倍。其中，市内最大水源地——六水源酚浓度超标最高达390倍，造成水源地报废，直接经济损失40多万元。地下水在农业区，主要为硝酸盐型水；在化工、农药分布区，为硫酸盐型水；在居民稠密区，主要为氯化物型水。近年来，氯、硝酸根增长最快，硫酸根次之。硝酸根检出率达93.4%，超标率为60.5%；亚硝酸根检出率81.0%；铵检出率为11.0%；铁0.3—33.0毫克/升，超标率为95.4%。

2005年12月15日，广东省环保部门监测发现，广东北江韶关段出现了重金属镉超标现象，在北江高桥断面，监测部门测得镉超标近10倍，严重威胁了下游饮用水源安全。经广东省环保局调查，初步确认这起污染事件是由于韶关冶炼厂设备检修期间超标排放含镉废水所致。12月20日，广东省政府公布了这起严重环境污染事故，北江下游韶关、清远、英德3个城市的饮用水受到污染威胁，部分城市自来水供应停止。

生活污水：主要是城市生活中使用的各种洗涤剂和污水、垃圾、粪便等，生活污水中含有较多的氮、磷、硫、有机纤维、淀粉、糖类、脂肪、蛋白质、尿素、致病细菌等。我国每年约有90%以上的生活污水未经处理就直接排入水域。

据原环保总局的一份调查报告显示，近年来，我国城市生活污水排放量以年均5%的速度递增，1998年我国生活污水排放量为184亿吨；1999年，城市生活污水排放量首次超过工业污水排放量，占到全国污水排放总量的52.9%；2003年，全国工业废水和城镇生活污水排放总量为460亿吨，其中城镇生活污水排放量为247.6亿吨，占总量的53.8%。

比如山西省太原市，全市废水年排放量为1.9亿立方米，随废水排出的各种有毒物质每年约19万吨。汾河太原段水中的酚、氰、砷、汞、六价铬五毒俱全，含酚量超过饮用标准2000多倍。

农业污水：包括牲畜粪便、农药、化肥等。农业污水中，一是有机质、植物营养物及病原微生物含量高；二是农药、化肥含量高。我国目前没开展农业面上的监测，据有关资料显示，在1亿公顷耕地和220万公顷草原上，每年使用农药110.49万吨。我国是世界上水土流失最严重的国家之一，每年表土流失量约50亿吨，致使大量农药、化肥随表土流入江、河、湖、库，随之流失的氮、磷、钾营养元素，使2/3的湖泊受到不同程度富营养化污染的危害，造成藻类以及其他生物异常繁殖，引起水体透明度和溶解氧的变化，从而致使水质恶化。

矿山废渣：矿山开采的废渣经雨水冲刷而污染河流、土壤和地下水。特别是稀有金属、重金属矿厂的矿渣经雨水冲刷使水中重金属含量超标。

大气污染物：大气污染物可以经雨水的沉降作用而落入江河湖海中污染水体。

二、水体污染分类

水体污染按污染物种类分为：有机污染、重金属污染、化肥和农药污染、热污染、石油污染、放射性污染、病原微生物污染。

有机污染：有机污染物有的有毒，如酚、酮、醛、硝基化合物、有机含氯化合物、多氯联苯（PCB）和芳香族氨基化合物、染料等，直接污染水体；有的无毒，如生活及食品工业污水中所含的碳水化合物、蛋白质、脂肪等，这些物质在一定条件下分解时能产生有毒物质，如 CH_4、NH_3 和 H_2S 等使水体污染。水体中有机化合物大多数可为细菌所利用和分解，而在分解过程中消耗水中溶解氧，可使水中鱼类和其他水生生物因缺氧而受害、死亡，从而破坏水体的生态平衡，使水体失去自净能力。有些有机物还能在水中形成泡沫、浮垢，引起水质浑浊和恶臭。

重金属污染：危害较大的重金属有汞（Hg）、镉（Cd）、铬（Cr）、镍（Ni）、铅（Pb）、锌（Zn）等，它们除溶解在水中外，还可积累在水生生物体内，通过食物链的传递危害人体。

化肥和农药污染：化肥中磷（P）、氮（N）大量进入水体将引起水体富营养化。农药，如 DDT、六六六等，进入水体能直接杀害水中生物或通过水产品危害人类。

热污染：由工业排放的高温废水造成，主要影响水中生物的生存和繁殖。

石油污染：多发生在海上，主要影响海洋生物。

放射性污染：水中放射性污染物可附着在生物体表面，也可被吸入生物体内积累起来。

病原微生物污染：来自生活污水、饲养场、制革工业、医院等的废水中的病毒、病菌、寄生虫等污染水体后，可传播疾病。

三、水体污染的特点

在地理环境中，由于各类水体的特征不同，其污染特点也不同。

河流污染的主要特点：①污染程度随河流径流量变化。在排污量相同情况下，径流量大，污染轻，反之则重。②污染物扩散快。河水是流动的，河流污染影响不限于污染发生河段，上游河段污染会很快影响下游。③污染影响大。河流是饮用、渔业、工业、农业等主要水源，其污染影响可涉及各方面。④污染易控制。河水交替快，自净能力强，水体范围相对较小而集中，其污染较易控制。

湖泊污染的主要特点：湖泊是陆地上水交换缓慢的水体，某些污染物可长期停留湖中发生质的变化和量的积累，从而改变水体状况和造成危害。湖泊的主要污染问题是富营养化，主要的污染影响是改变水生生态系统和破坏水产资源。

海洋污染的主要特点：①污染源多而复杂。除海上船只、油井直接向海中倾倒污染物外，陆上排放的污染物最后也汇入海洋。大气中污染物也随降水进入海洋，如海水中的 DDT 大都通过大气进入海域。②污染持续性强，危害性大。污染物进入海洋后便不能再出去，不易分解的污染物便在其中积累起来。估计目前已有 100 万吨以上的 DDT 进入海洋中，为海洋生物所富集，对人类构成潜在危害。③污染范围大。海洋水都是互相沟通的，污染物在海中可扩散到任何角落，如在北冰洋和南极洲的鲸体中检出的多氯联苯就是由近岸扩散到远洋的。海洋污染严重的区域是工业发达地区的大陆边缘海。石油污染是海洋污染的突出问题。

地下水污染的主要特点：由于地下水在岩石孔隙中流动极其缓慢，因此污染过程缓慢，不易发现和难以治理。地下水污染方式分直接污染和间接污染两种，以前者为主。直接污染是污染物直接来自污染源，在污染过程中污染物性质不变。间接污染是由于污染物作用于其他物质，使它们进入地下水造成污染，如地下水硬度的增加、溶解氧的减少等即为间接污染造成。

四、我国水体污染现状

我国水体污染现状不容乐观，有关资料显示，我国每年约有 360 万吨生活污水和工业废水流入江河湖海，其中 95% 没有经过任何处理，还有 1.5 亿吨的粪便污水。全国 90% 以上城市水域污染严重，近 3 亿城市居民正面临水污染这一世界性问题。据 2007 年《中国环境状况公报》称：全国地表水污染依然严重。七大水系总体为中度污染，其中，珠江、长江总体水质良好，松花江为轻度污染，黄河、淮河为中度污染，辽河、海河为重度污染。

例如，山西省长治市30万人饮用的主要水源漳泽水库由于严重污染已不能继续使用，被迫另建水厂，远距离引水。漳河水严重污染，襄垣县河段水样呈黑色，水中多种有毒物浮而不沉，化学耗氧量超标100%，生化需氧量超标50%，氨氮含量超标66.7%，挥发酚超标16.7%，氟化物超标20%。仅襄垣县就有1万多人饮此河水，两个乡凡饮用河水的群众都感到异味，40%的饮水群众患肠道腹泻、粉牙、掉牙现象严重。

在28个国家监控重点湖（库）中，满足二类水质的2个，占7.1%；三类的6个，占21.4%；四类的4个，占14.3%；五类的5个，占17.9%；劣五类的11个，占39.3%。其中，太湖：总体为劣五类，太湖环湖河流水质总体为中度污染；滇池：总体为劣五类，滇池环湖河流水质总体为重度污染；巢湖：总体为五类，巢湖环湖河流水质总体为重度污染；其他大型淡水湖泊：镜泊湖、洞庭湖、鄱阳湖和兴凯湖为四类，南四湖为五类，白洋淀、达赉湖和洪泽湖为劣五类；城市内湖：除昆明湖（北京）为三类外，西湖（杭州）、东湖（武汉）、玄武湖（南京）、大明湖（济南）均为劣五类。

全国近岸海域水质总体为轻度污染；近海大部分海域为清洁；远海海域水质保持良好。全国近岸海域一、二类海水比例为62.8%，比上年下降4.9个百分点；三类为11.8%，上升3.8个百分点；四类、劣四类为25.4%，上升1.1个百分点。四大海区近岸海域中，南海、黄海近岸海域水质良，但珠江口和胶州湾为重度污染；渤海为轻度污染，但辽东湾和渤海湾为重度污染；东海为重度污染，长江口、杭州湾为重度污染。赤潮：全海域共发生赤潮82次。其中，有毒赤潮为25次。具体分布为渤海7次、黄海5次、东海60次、南海10次；累及面积11610平方千米，其中有毒赤潮面积1906平方千米。全年赤潮灾害造成直接经济损失600万元。

五、水体污染的一般危害

水体污染的危害也是多方面的，依据污染物性质的不同而不同。突出表现在造成水体富营养化和破坏水环境生态平衡两个方面。

造成水体富营养化：当含有大量氮、磷等植物营养物质的生活污水、农田排水连续排入湖泊、水库、河水等处的缓流水体时，造成水中营养物质过剩，便发生富营养化现象，导致藻类大量繁殖，水的透明度降低，失去观赏价值。同时，由于藻类繁殖迅速，生长周期短，不断死亡，并被好氧微生物分解，消耗水中的溶解氧；也可被厌氧微生物分解，产生硫化氢等有害物质。从以上两方面造成水质恶化，鱼类和其他水生生物不能生存而大量死亡。

破坏水环境生态平衡：良好的水体内，各类水生生物之间及水生生物与其生存环境之间保持着既相互依存又相互制约的密切关系，处于良好的生态平衡状态。当水体受到污染而使水环境条件改变时，由于不同的水生生物对环境的要求和适应能力不同，产生不同的反应，将导致生物种群发生变化，破坏水环境的生态平衡。如鱼、虾等的死亡则可能导致微生物、藻类的大量繁殖。

六、水体污染对人类健康的影响

水体污染对人类健康会产生影响，这是水体污染最严重的危害。世界上80%的疾病与水有关。水体污染对健康的危害随污染物的不同而有所差异。

病原体污染，主要是病毒、细菌、寄生虫等污染。危害主要表现为传播疾病：细菌可引起痢疾、伤寒、霍乱等；病毒可引起病毒性甲型肝炎、脊髓灰质炎等；寄生虫可引起血吸虫病、钩端旋体病等。伤寒、霍乱、胃肠炎、痢疾、传染性肝炎是人类五大疾病，均由水的不洁引起。

长期饮用被砷、汞、铬、铅、镉、镍及醛、酮、酚、硝基化合物、多氯联苯（PCB）和苯并吡等污染的水，或通过食物链吃入污染的水产品，会使人发生急、慢性中毒或导致机体癌变，产生严重的危害。如被镉污染的水、食物，人饮食后，会造成肾、骨骼病变；摄入硫酸镉 20 毫克，就会造成死亡。汞可导致中枢神经病变，甲基汞可导致一种叫“水俣病”的疾病。酚可导致头昏、记忆减退、皮疹、瘙痒、贫血等。

铅造成的中毒，可引起贫血，神经损害。铬对皮肤和黏膜有刺激和腐蚀作用，可引起变态反应性皮炎。六价铬有很大毒性，可引起皮肤溃疡，还有致癌作用。饮用含砷的水，会发生急性或慢性中毒。砷使许多酶受到抑制或失去活性，造成机体代谢障碍，皮肤角质化，引发皮肤癌。

有机磷农药会造成神经中毒，有机氯农药会在脂肪中蓄积，具有激素样作用，对人和动物的内分泌、免疫功能、生殖机能均造成危害。

氰化物也是剧毒物质，进入血液后，与细胞的色素氧化酶结合，使呼吸中断，造成呼吸衰竭窒息死亡。

城市自来水系天然水源的水经过处理后的水。一般自来水公司采用的净水过程为“混凝—澄清—过滤—加氯杀菌”的模式。虽然，加氯（液氯、次氯酸钠、漂白粉等）消毒有许多好处，包括价格低廉、简单易行，但科学家发现了不少问题：一是水中的余氯会影响水的口感和气味，使水的品质下降；二是如果水中余氯不足，则不能保证消毒的效果；更重要的是，研究发现在水源水中有机物含量稍高时，将产生氯代有机物。而大多数氯代有机物均有致癌、致畸、致突变的作用。其中尤以三卤甲烷（THM）为典型代表。因此，欧美等发达国家从 20 世纪 70 代起先后过渡到以非氯消毒为主。

此外，水体污染不仅影响到水生生物的生存、导致水生生物的体内有毒物质的慢性蓄积，使人吃了这些水产品也产生慢性毒性作用；而且污染的水还可以通过灌溉农田而污染土壤，使农作物也被污染，导致蔬菜、粮食毒物聚集，从而间接影响人体健康。

第三节　水体污染导致的公害事件

一、“自杀猫”与水俣病事件：1953—1956 年

1950 年在日本熊本县水俣湾附近渔村中，发现一些猫步态不稳，抽筋麻痹，最后跳入水中溺死，当地人谓之“自杀猫”。1953 年水俣镇发现一个生怪病的人，开始只是口齿不清，步态不稳，面部痴呆，进而耳聋眼瞎，全身麻木，最后精神失常，一会儿酣睡，一会儿兴奋异常，身体弯弓，高叫而死。由于开始病因不清，所以用当地地名命名。1956 年在这个地区又发现 50 多人

患有同样症状的病。经过对病的调查和研究，在1962年才确定水俣病的发生是由于汞的环境污染，特别是长期食用被污染的鱼和贝类引起的甲基汞慢性中毒。这是由于水俣镇的工厂排放的氯化甲基汞污染海域，使鱼和贝类中毒造成的。

继水俣镇之后的1963年，日本新潟县又有大批自杀猫、自杀狗出现；1973年在有明海南部沿岸的有明町等地又发生了水俣病。据报道，这三次发病共计900多人，实际上在日本受害人数远远超过这个数字，仅水俣镇受害居民已有1万人左右。科学试验证实，人体血液中汞的安全浓度为1微克/10毫升，当到达5—10微克/10毫升时，就会出现明显中毒症状。经计算，如果一个人每天食用200克含汞0.5毫克/千克的鱼，人体所摄入的汞量恰好在此安全范围内。然而，经测定水俣湾的海产品汞的含量高达每公斤几十毫克，已大大超标；此外，人们每天还要搭配其他食品，其中也可能含有一定量的汞，这样全天摄入的总量就更是大大超过安全限度标准了。

水俣病是直接由汞对海洋环境污染造成的公害。如果孕妇吃了被甲基汞污染的海产品后，可能引起婴儿患先天性水俣病，就连一些健康者（可能是受害轻微，无明显病症）的后代也难逃厄运。许多先天性水俣病患儿，都存在运动和语言方面的障碍，其病状酷似小儿麻痹症，这说明要消除水俣病的影响绝非易事。由此，环境科学家认为沉积物中的重金属污染是环境中的一颗“定时炸弹”，当外界条件适应时，就可能导致过早爆炸。例如在缺氧的条件下，一些厌氧生物可以把无机金属甲基化。尤其近20年来大量污染物无节制的排放，已使一些港湾和近岸沉积物的吸附容量趋于饱和，随时可能引爆这颗化学污染“定时炸弹”。

二、镉稻米与“痛痛病”事件：1955—1972年

痛痛病又叫骨痛病，是20世纪60年代发生在日本的由公害引起的又一种疾病。在日本中部富山平原上，有一条美丽的河流叫神通川。神通川河水清澈，风景秀丽，两岸人民世世代代生活在这里，引神通川河水灌溉农田。这里是日本产稻区之一，谁能料想到灾难偏偏降临到这里人们的头上。1952

年，人们发现神通川河里的鱼大量死亡，两岸稻田出现一片片死秧，人们并没有意识到这就是灾难的前兆。1955 年，在神通川沿岸的一些地区出现了一种怪病，开始时人们只是在劳动之后感到腰、背、膝等关节处疼痛，休息或洗澡后可以好转。可是如此几年之后疼痛遍及全身，人的正常活动受到限制，就是大喘气时都感到疼痛难忍。人的骨骼开始软化，身体萎缩，骨骼出现严重畸形，严重时，一些轻微的活动或咳嗽都可以造成骨折。最后，病人饭不能吃、水不能喝，卧床不起，呼吸困难，病态十分凄惨，终于在极度疼痛中死去。这种怪病的发生和蔓延，引起人们的极度恐慌，但是谁也不知道这是什么病，只能根据病人不断地呼喊“痛啊，痛啊！”而称其为痛痛病。在神通川两岸，多年来已发现 280 多例病人，其中 34 例已经死亡，活着的病人依然在痛苦之中挣扎。

那么，引起这种病的原因是什么呢？后来经过调查才真相大白。原来在日本明治初期，三井金属矿业公司在神通川上游发现了一个铅锌矿，于是在那里建了一个铅锌矿厂。在铅锌矿石中还含有一种叫做镉（Cd）的金属。镉进入人体后，主要蓄积于肾脏，对肾脏造成损害，抑制维生素 D 的活性。维生素 D 是人体不可缺少的营养素，缺乏维生素 D 会妨碍钙、磷在人体骨质中的正常沉着和储存，最后导致骨软化。这个工厂在洗矿石时，将含有镉的大量废水直接排入神通川，使河水遭到严重的污染。河两岸的稻田用这种被污染的河水灌溉，有毒的镉经过生物的富集作用，使产出的稻米含镉量很高。人们长年吃这种被镉污染的大米，喝被镉污染的神通川水，久而久之，就造成了慢性镉中毒，痛痛病实际就是典型的慢性镉中毒。痛痛病不仅在日本发生过，在其他国家也有发现，例如我国广西某些地区，曾有人患有痛痛病。痛痛病至今尚无特效的治疗方法，而且体内积蓄的镉也没有安全有效的排除方法。因此，消除镉对环境的污染就显得特别重要，这是防止痛痛病发生的根本措施。

痛痛病是因镉对人类生活环境的污染而引起的，影响面很广，受害者众多，所以被公认为是“公害病”。

三、毛蚶与上海甲肝大流行：1988年1月

这是一起因水体遭受病原微生物污染，病原微生物污染水产品，水产品再感染人的典型“公害病”事件。1988年的1月18日，在上海唐家湾医院里，来的最多的就是上吐下泻的病人，一天后，人数迅速上升，速度之快更是超出了医生们的想象。和唐家湾医院一样，1月19日，上海的各家医院里都有大量市民涌进，他们大多伴有身体发热、呕吐、厌食、乏力、脸色发黄等典型的症状。在以后的几天里，整个上海患病人数急剧攀升：

1988年1月18日43例

1988年1月19日134例

1988年1月21日380例

1988年1月27日5467例

1988年1月31日12399例

……

这种病，后来被证实是一种急性病毒性甲型肝炎，简称甲肝，是一种通过日常生活接触传播的传染病。以后短短的一个月里，上海市区就有30多万人传染上了甲肝，大部分是青壮年，其中11人死亡。一时间，人们“谈肝色变”。通过临床调查，医生们发现，大多数甲肝病人在病发前都曾食用过毛蚶。此前，1979年、1983年和1986年，上海、宁波等地曾发生过因为生食毛蚶引起的小规模甲肝流行。这一次的甲肝爆发，难道又是小小毛蚶引起的吗？为了证实毛蚶的致病性，原上海医科大学公共卫生学院院长俞顺章教授带领科研人员赶赴江苏启东，这里是毛蚶的原产地，很快，他们在毛蚶体内找到了甲肝病毒，以直接证据证实了毛蚶就是甲肝的罪魁祸首。

毛蚶，这种生长在河口和海湾泥沙中的贝类生物，一直是上海人餐桌上的美食。当时，5毛钱就能买到1千克新鲜的毛蚶。每年春节前后，在上海菜市场里，毛蚶总能受到家庭主妇们的欢迎。1988年前，上海市场供应的毛蚶都来自山东潍坊附近的海域。但是，就在1987年底，与上海邻近的江苏启东毛蚶大丰收，一下子占据了上海这个庞大的市场。这些地方原来不产毛蚶，

只产海螺。1987 年 10 月份，人们发现有毛蚶带，储藏量大。所以当时有大量船只去采集，而且通过各种渠道，集体、个体运往各地，包括上海。

但是，谁也没有想到小小毛蚶隐藏着巨大的危险。那一年，启东海区环境受到了大量人畜粪便的污染，吸附力极强的毛蚶将甲肝病毒聚集在自己的体内，实验表明，带壳毛蚶就是煮上 45 分钟，也不能完全杀灭甲肝病毒。而上海人生食的习惯更是让病毒轻而易举地进入消化道。再加之当时上海城区的居住环境较为拥挤，使病毒的传播更为快速。当时因为居住条件也不好，人们常常共用水龙头，由于甲肝是通过消化道传染的，也就是病从口入，由于大家先后接触过水龙头，饭前又不洗手，所以传染很快，导致几乎每家都有甲肝病人。

四、污染河边的癌症村

近些年来，一些地方盲目强调发展经济，强调发展 GDP，不重视对环境的保护，把一些发达国家或地区淘汰、拒绝的对环境有严重污染的企业引进来，并在重要的水源地上方、城市上风地修建严重威胁环境的化工厂、农药厂，一些不良企业主甚至昧着良心违规偷排未经处理的有毒废气、废水，使附近空气、河流、土壤受到污染，导致严重的危害，出现了一个个的触目惊心的“癌症村”，为我们的环境保护拉响了警报。

1. 广东省翁源县，上坝村，有 3265 人，病种：食道癌、胃癌、肝癌。

环境：自从大宝山矿开采以来，大量含有镉、铅、铬等多种重金属的洗矿废水，没有经过任何处理就被排到流经上坝村的横石河中。因没有进行有效处理，矿坑表土完全氧化后每吨产生 207 千克浓硫酸，加上大量重金属随土流失，污染了水体。横石河 1500 米河道未发现生物，直到下游 50 千米水中生态系统仍未能恢复。

村民每天通过饮食，仅镉的摄入量就达 178 微克，是世界卫生组织规定标准的 3.6 倍。从 20 世纪 80 年代初起，全村共有 210 人死于癌症，而癌症发病率是全国平均水平的 9 倍多。

2. 河南省沈丘县，黄孟营村，有 726 户、2471 人，病种：食道癌、胃癌、肠癌、肝癌、肺癌。

环境：郑州、开封、漯河、许昌、周口等地的工业污水和生活污水全都被排放到沙颍河，黑臭的劣五类河水流入黄孟营村，其干渠、坑塘的鱼虾逐渐绝迹。

村民癌症的患病率明显偏高，癌症死亡也一年比一年多。14 年间，村里死于癌症 105 人，占死亡总人数的 51.5%，死亡年龄大多为 50 岁左右，最小的只有 1 岁。

3. 河南省浚县，北老观嘴村，有 1274 人，病种：食道癌、胃癌、淋巴癌、肺癌、肝癌、子宫癌、肠癌。

环境：该村位于卫河沿岸，卫河上游的造纸企业曾达到新乡市 142 家、焦作市 60 多家、滑县 17 家，绝大多数都是小企业，有的排放工业废水不达标，有的根本没有排污净化设备，其污水导致卫河严重污染。这些企业造成的污染负荷，占当地 80% 以上。流经北老观嘴村的卫河水黑中透红，表面漂浮着一层白沫，距离 100 米就能闻到一股怪味，还混合着腥臭，天热时整个村里都是腥臭味。村民家的井水浑浊不堪，还漂浮着黑、黄色颗粒，腥臭味扑鼻。

10 年间，有 112 人死于癌症，占全村死亡人数的 90%。癌症死亡中，50 岁以下者超过 50%。由于长期用污水浇地，土地碱性增加，板结，粮食产量下降；村民养的猪只能长到 50 多千克，多数还患烂蹄病。

4. 河南省西平县，吕店乡，沿洪河有八个“癌症村”。病种：喉癌、肺癌、肝癌、胃癌等。

环境：被污染为劣五类水质的洪河流经吕店乡，其河水被污染成黑色的上游约 4000 米处是舞钢市一家造纸企业，被污染成黄色的上游约 1500 米处是舞阳县一家水泥有限责任公司，而舞阳县另外一家造纸厂也向河里排污。村民家 30 米深的井水还有腥臭味，烧成开水时浮着肥皂泡样的白沫，过滤后再烧开才能喝。这里的饮用水亚硝酸盐和氮超标倍数都在 54.5 倍以上。

10 年间，八个村共死亡 1838 人，年平均死亡率达 9.7%，远高于全国死亡率；而且死亡率呈逐年上升趋势，2005 年死亡率高达 12.2%。死亡者年龄集中在45—70岁之间。沿河村民用河水灌溉农田，造成烟叶、小麦、玉米等农作物大面积枯死，每年该乡因水污染受害农作物达5万余亩，直接经济损失达1000多万元。

5. 天津市北辰区西堤头镇，刘快庄村与西堤头村，病种：肺癌、胃癌等。

环境：曾经是远近闻名的鱼米之乡，如今两村周围的化学制剂、染料中间体、油漆涂料、农药兽药、香精香料等各类化工厂超过90家。这些化工厂昼夜生产，制造着黑烟、污水、臭气、噪声，尤其是把有毒有害的化工废水直接从厂里转移到村边河中，把排污暗管埋到菜地里，使大片菜地两旁原本用于灌溉的蓄水渠也全部充满了红、黑和黄色的化工废渣。当地水源挥发酚、氰化物、细菌总数等指标不合格，其中挥发酚、氰化物都是有毒物质；化工厂大气排放和臭气浓度随机抽查为全部超过国家标准12倍。

在被调查的190位村民中，148人常年头疼、恶心，39人经常患哮喘、气管炎等呼吸道疾病。几年间，两村已有200多人死于癌症，绝大部分是肺癌。化工厂高密度排放的废水、废气，导致地上寸草不生，空中弥漫粉尘和恶臭，村民种的萝卜、大白菜和水果等因为污染没人买。

6. 山东省肥城市，肖家店村，病种：胃癌、食道癌、肝癌。

环境：流经肖家店村的大汶河，上游的一些县市集中了造纸、印染、化工、机械、冶金、采掘、钢铁、电力、酿酒、食品加工、纺织、农药和煤炭等企业；肖家店村所在的肥城市也是重点发展采煤、炼焦、造纸和酿酒等企业。而这些企业向大汶河排污，造成河水严重污染，许多河段水质常年是污染最严重的劣五类，其中，强致癌物亚硝酸盐严重超标，锰超标57倍。土壤、蔬菜受到剧毒元素的污染，其中，小麦铬含量超标1.7倍，白菜铅超标2倍，菠菜镉含量超标9倍、铬含量超标12倍，莴笋叶镉含量超标2倍、铬含量超标4倍。4年间，因癌症死亡56人。

7. 浙江省萧山市南阳镇，坞里村，近2000人，病种：食道癌、肝癌、胃癌、肺癌、乳腺癌、胰腺癌、血癌。

环境：自1992年起，有26家化工企业落户南阳镇，曾肆无忌惮地排污，使坞里村的河水变得乌黑，鱼虾绝迹，水井多已废弃。

几年间，有70多人死于癌症，癌症死亡人数占村里死亡人数的80%，其癌症发病率高于全省十几倍。

第四节 让“喝水”成为放心的事

水体污染对人类健康的影响是巨大的，为减小水体污染对人类健康的影响，应该采取预防为主的方针，即在防止和减小水体污染上下足工夫。同时，要对被污染了的水体进行综合治理也显得非常紧迫和必要。最后，社会成员在用水卫生方面意识的有无，以及能否采取适当的措施，对于人类健康的影响也是显著的。

一、防止和减小水体污染

水体污染要以预防为主，不能走“先污染，后治理”的老路，因为那样不但会增加治理的成本，而且会不可避免地在过程中造成对人类健康的危害。大力推行清洁生产，争取实现工业用水量和废水排放量的零增长以及有毒、有害污染物的零排放工业污染的控制，这是水污染防治中十分重要的一环。国内外的实践已经证明了实现这个目标的可能性。在经济发展的过程中，防止水污染处于中等水平和尚未受到明显污染的地区的水污染态势加重，注意把工业发展与环境保护协调起来，遵循可持续发展的战略，走新型工业化的道路。

城市管理中也要对造成水体污染的因素加强控制。要加强城镇的综合卫生管理，使街面保持干净，减少因风吹、雨水等因素将脏物带入河流。对自由市场、餐馆、外来人口聚居区进行严格的卫生管理，对建设工地卫生实行严格监督，对产生污染的路边小生意、洗车点或进行环境改造、或取缔。鉴于环卫部门职工向河道倾倒所收集的垃圾、粪便的情况客观存在，环卫部门应提高管理水平，严格要求职工遵守规矩，教育职工明确自己的责任，对不守规矩、擅自污染环境的职工给予相应的处罚。应健全垃圾处理站点网络

(尤其是公共场所)，让人们垃圾有处可弃，减少因无垃圾站（箱）而导致的垃圾随意丢弃。应在沿河设置一些公共厕所，让在外活动的人们感到方便，减少因为没有厕所而将河沿当厕所的现象。

要注意减小农业对水体的污染。国家应出台政策规范和限制农牧业农药、化肥的使用种类及使用量，大力扶植生态农业。这不仅关系到水体污染的控制，也关系到农产品的安全和人类的健康。

二、对被污染的水体进行治理

水体被污染以后，要及时地进行治理。防止水体污染进一步加重，减轻水体污染对人类健康的影响，是防治水体污染的另外一个环节。水污染治理过程应当同生态环境的恢复和改善紧密结合起来。

在整治水环境问题的过程当中要考虑到水污染问题的流域性，加强河流湖泊沿岸省市地区之间的协调和合作。水资源作为生态环境的一个重要成分对于人类生产生活都具有不言而喻的重要价值，因而将水环境整治与水权概念的开发相结合，明确水资源使用的受益者和水环境问题的治理者无疑具有重要意义；与此同时，对于水资源的开发利用要实行全流域统筹兼顾的方针，生产、生活和生态用水综合平衡，做到微观与宏观相结合，促进水环境问题的根本解决。

解决水体污染，还需要加强水源调配方面的研究。水资源不足是影响水质的重要因素，河水不流，水质就会恶化。所以应加强水源调配方面的研究，如何既节约水源又保护水环境是必须研究的课题。建设一批污水处理厂，应加强处理水的应用，处理厂与输水管道应同时规划、同时设计，将处理后的洁净水引入河道，这样既节约水资源又可保护水环境。

让公众参与河道环境管理。河道管理部门应建立与沿线居民的沟通渠道，定期访问居民，公布举报电话，让居民有机会参与对污染源的监督，及时发现问题，进行处理。也可以实行“门前三包”等措施，目的是充分发挥群众保护水环境的巨大热情，对水环境实行有效的监督和保护。对大众加强保护水质的教育，沿河树立一些警示牌，呼吁人们注意保护水质。另外，新闻媒体继续对大众进行环境保护的教育。

城市的废水处理和污水回收利用，也是治理水污染的一个方面。在城市废水、污水处理中，资金支持是重要的条件之一，没有资金，一切治理措施就无法实施。同时，城市水污染治理涉及面很广，单靠水利部门和环保部门，是无法协调好各方面的利益问题的，因此需要政府作为其支持后盾。污染治理也需要法制的保障才能顺利进行。

三、公民增强用水卫生意识

除了要注意减小水体污染，人们在用水卫生方面的努力也能降低水体污染对人类健康的影响程度。尤其是对于一些已经发生水体污染的地区，生活用水或是农业用水等可能都已经不符合标准要求，这时候就特别需要增强用水的卫生意识。

对已经污染了的生活用水，要注意消毒后再使用。特别要注意不要喝生水，这在水体未发生污染的情况下也是应当遵循的原则。如果用于农业灌溉的水已经被污染，就要对水进行一些减污处理后再使用，比如在太阳下暴晒，就可能起到一定的消毒作用，否则可能会使农作物减产，或是农作物留有毒性，对人类健康构成威胁。

第四章　土壤污染与人类健康

土壤处于陆地生态系统中的无机界和生物界的中心，不仅在本系统内进行着能量和物质的循环，而且与水域、大气和生物之间也不断进行着物质交换，一旦发生污染，三者之间就会有污染物质的相互传递。作物从土壤中吸收和积累的污染物常通过食物链传递而影响人体健康。

第一节　让人惊恐的大米镉污染

2001 年 5 月 14 日，《中国环境报》上登载一篇《日本大米镉污染重现》的文章，向人们展示了土壤污染对人类健康的巨大影响。原文如下：

5 年前，一场低温冷害曾导致日本水稻大面积减产，而日本人又偏偏口味专一，非大米不吃，于是，只好破例从国外进口大米，尽管百般挑剔，怎奈天灾难拒，不得不委曲求全。最近，日本的大米又出了毛病，据东京都卫生研究所的抽样检测，从大米生产地长野县的农田土壤样品中查出镉含量超标，接着又陆续发现几个地方都有不同程度的含镉大米，5 年前因低温冷害几近绝收的农户心头再布阴云。这次“镉米”怪不得天灾，可是，其潜在影响或许更甚于天灾。

镉污染与痛痛病

据日本 1970 年颁布的《农田防污染法》的规定，衡量受镉污染的农田的标准为当地产 1 公斤稻米镉含量在 1 毫克（ppm）以上。

镉的元素符号是 Cd，银白色金属，质地较软，存在于铜、铅、锌的伴生矿中。镉在核电设施上有重要应用，还可用于加工电池和电镀，农田、江河受其污染后可危害人类生活，导致骨质疏松、骨裂缝、骨折，孕妇、胎儿异常以及早衰等。

20世纪50年代，日本富山县神通川流域曾有1000多人患镉中毒，死亡123人，多数患者去看医生时中毒已经很深了。1960年，首次将其定名为“痛痛病”。1971年受害者将污染源“三井金属矿业”告上法庭，经过马拉松式的审判，最后裁定被告向31名原告赔偿5700万日元，这是日本国民告企业大型诉讼的首次胜诉。

痛痛病是由慢性镉中毒引起的日本“四大公害病”之一，主要症状为：最初腰背肩膝关节痛，随后遍及全身，如针刺感。数年后骨骼严重变形，发脆易折，轻微活动，甚至咳嗽都会引起多发性病理骨折。原因来自长期饮用受到镉污染的河水、食用含镉大米，致使骨中镉的含量增加而脱钙，造成骨质疏松。

人体长年摄入镉还会引发肾脏病，千叶大学医学部的能川浩二教授指出：日本人脏器中的镉浓度较高，是芬兰人的10倍。生活在非污染地的日本人，也难逃镉污染的危害，因为他们普遍以大米为主食，每天经口摄入的镉有40%—50%来自大米，要控制镉污染的扩散，首先就要查清大米的污染源。

30年后重现白马村

白马村是长野县雪山环绕的一个山村，是日本的主要稻米产地之一。2月13日，村农协聚集了很多农户和村里的水稻技术员。

“2000年稻米的含镉情况就是如上通报的这样。”农户们对农协在通报会上宣布的结果未表示怀疑，这是根据历时两年的调查得出的结果。当时含镉的田块只占全村的一小部分，并查明污染源来自被河水冲刷下来的埋入地下的镉。接着，在此基础上划出了监测区域，并制定了限制该地区的稻米流入市场的措施。

1970年前后，在日本各地的金属矿山及冶炼厂周围的农田、稻米中发现高浓度的镉，为此，地方政府马上采取防止污染的治理措施，好在医院尚未见到镉中毒的病例，“镉米”问题就一度沉寂了下来。两年前，含镉大米再次露出了冰山的一角。1998 年 11 月，东京都政府曾向长野县政府发通报指出，白马村的大米中镉的含量高达 0.42ppm。消息传出，所属市镇吃惊不小，各地马上对农田、稻米的镉含量做了调查。今年，白马村准备对全村 1100 处稻田再做一次彻底调查。按日本的“食品卫生法”，镉含量超过 1ppm 的大米不能食用，超过 0.4ppm 须具备令消费者放心食用的证明。不能食用及不准上市，部分可用于生产工业糨糊，并规定含镉 1ppm 以上的为“镉污染米”，0.4ppm 以上的为“准污染米”。

后来得知，1997 年粮食厅对全国 3.7 万处农田的调查中，秋田县有一处农田含镉已高达 1ppm，而 0.4ppm 以上的田块多达 95 处，显然，时隔 30 年，镉污染问题仍未结束，镉米再次成为日本国民关注的热点。

如果污染程度果真如此严重，政府就该做彻底调查，以免除国民的不安。可是像白马村的那种调查及公布方式全国并不多见，有专家抱怨粮食厅，身为中央一级的政府部门对此问题却脚踩两条船。因为 1997、1998 两年的稻米产量调查没有公布含镉浓度超过 0.4ppm 的地块，去年，在 2000 年的调查结果中才首次公布，所辖市镇村超过 0.4ppm 的地块共 47 处。与 1999 年的调查结果相比，已从 936 处减至 389 处。不过，这只是在有关村镇同意公布的基础上的调查结果，至于有多少村镇不配合调查尚不得而知。而且即便 389 处当中也有 1/4 的 102 处位于白马村的范围之内，所以，镉米问题的实情仍未明朗。“民众的恐慌心理已是无争的事实，而如何让消费者放心地吃上白马村的大米才是第一位的工作。为此，必须做彻底调查。”参与制定治理措施的长野县农业技术科的中村科长说。

比治理更为紧迫的课题

听到 1997、1998 年粮食厅的调查结果，秋田县也慌乱起来，马上自行着手本地区的调查。因为，地处历史上的矿区，污染问题肯定躲不过去。秋田县的调查方法是从稻田中逐块割取植株的青苗法，与粮食厅采用的不分田块进行的混合法相比，查出的浓度会明显偏高。但是，这样更便于找出污染田块，也就更有利于划出污染区域，制定诸如置换土壤等治理措施。大米的质量并非完全靠品尝，在安全性上，相关信息如何公开也是需要综合衡量的条件之一。像秋田县、白马村以及后来行动起来的新潟县等能公布调查结果的地方并不多，这种局面持续下去，开展治理的地区和按兵不动的地区之间必然形成明显的质量等级差，而且差距会越来越大。不做调查，而且设法“捂盖子”，最终不仅加害消费者，作为稻米产地在自身受害的同时还将失去市场。

目前，联合国粮农组织（FAO）和世界卫生组织（WHO）以合作委员会方式正在制定含镉谷物的安全食用标准，有关稻米部分，据说0.2ppm这一数值已得到多数委员的赞成。按东京都的检查，1981—1998年间，在东京都上市的大米含镉超过0.2ppm的占4.3%，联合国的新标准出台以后，日本将面临一次大规模的防污染综合治理。

新的污染源的出现也让人普遍担心，镍镉电池随意丢弃正在加重对土壤的污染，而这种电池的回收率不到20%。据认为，大米含镉的浓度从整体来看并不算高，在多品种上市的大米流通环节上，还没到为害健康、不可食用的程度。值得担心的倒是产稻区农户自家食用部分，他们自己手里往往都是含镉超标的大米，这部分虽然对消费者不会构成健康威胁，可是，生产者在提供粮食的同时他们本身也是消费者，他们的健康问题绝不是因此就可以忽略的。更为严峻的是贻害的时间跨度，当年的痛痛病从20世纪50年代的污染到70年代暴露在患者身上，前后历时20多年。治理是个面向未来的课题，而过去几年中已经潜藏下来的将于何时表现出来，又该如何去应对则是当前更紧迫的课题。

第二节　土壤污染及其对人类健康的影响

土壤是指陆地表面具有肥力、能够生长植物的疏松表层。土壤不但为植物生长提供机械支撑能力，并能为植物生长发育提供所需要的水、肥、气、热等肥力要素。

土壤污染是指向土壤中施用和排放物质，引起土壤质量下降，造成农作

土壤污染问题需要人们的关注

物产量和质量下降，或通过食物链影响人体健康的现象。

一、土壤污染的来源

近年来，由于人口急剧增长，工业迅猛发展，固体废物不断向土壤表面堆放和倾倒，有害废水不断向土壤中渗透，大气中的有害气体及飘尘也不断随雨水降落在土壤中，导致了土壤污染。

凡是妨碍土壤正常功能，降低作物产量和质量，还通过粮食、蔬菜、水果等间接影响人体健康的物质，都叫做土壤污染物。

土壤污染物的来源广、种类多。主要来源于工业和城市的废水、用污水灌溉、大气中污染物通过沉降和降水落到地面的沉降物、施用农药和化肥、牲畜的排泄物以及堆放的固体废物、动物与人的尸体等。种类主要包括：无机污染物（如重金属、酸、盐等）、有机农药（如杀虫剂、除莠剂等）、有机废弃物（如生物可降解或难降解的有机废物等）、化肥、污泥、矿渣和粉煤灰、放射性物质、寄生虫、病原菌和病毒等。

1. 污水灌溉对土壤的污染

生活污水和工业废水中，含有氮、磷、钾等许多植物所需要的养分，所以合理地使用污水灌溉农田，一般有增产效果。但如果污水中含有重金属、酚、氰化物等许多有毒有害的物质，如果污水没有经过必要的处理而用于农田灌溉，或直接流入地下土壤中，则会将污水中有毒有害的物质带至农田，污染土壤。例如冶炼、电镀、燃料、汞化物等工业废水能引起镉、汞、铬、铅、铜、砷、锌、镍等重金属污染；石油化工、肥料、农药等工业废水会引起酚、三氯乙醛、多环芳烃、多氯联苯、三氯乙醛、甲烷、农药等有机物的污染。

2. 大气污染对土壤的污染

大气中的有害气体主要是工业中排出的有毒废气，它的污染面大，会对土壤造成严重污染。工业废气的污染大致分为两类：气体污染，如二氧化硫、氟化物、臭氧、氮氧化物、碳氢化合物等；气溶胶污染，如粉尘、烟尘等固体粒子及烟雾、雾气等液体粒子，它们通过沉降或降水进入土壤，造成污染。例如，有色金属冶炼厂排出的废气中含有铬、铅、铜、镉、锌、镍等重金属，对附近的土壤造成污染；生产磷肥、氟化物的工厂会对附近的土壤造成粉尘污染和氟污染。大气沉降物对土壤污染是多方面的。例如，大气受二氧化硫污染形成酸雨，可引起土壤酸化、土壤盐基饱和度降低；大气层核试验的散落物可造成土壤的放射性污染，公路两侧因空气中铅含量高，铅沉降可使公路两侧土壤受铅污染。

3. 化肥对土壤的污染

施用化肥是农业增产的重要措施，但不合理的使用，也会引起土壤污染。长期大量使用氮肥，会破坏土壤结构，造成土壤板结，生物学性质恶化，影响农作物的产量和质量。过量地使用硝态氮肥，会使饲料作物含有过多的硝酸盐，妨碍牲畜体内氧的输送，使其患病，严重的导致死亡。

就连以往认为有益的有机肥也发生了质的变化，由于禽畜饲料中大量添加了铜、铁、锌、锰、钴、硒、碘等微量元素、抗生素和生长激素，当这些东西随禽畜粪便排出，作为有机肥进入土壤时，就会污染环境。

4. 农药对土壤的影响

农药能防治病、虫、草害，如果使用得当，可保证作物的增产，但它是一类危害性很大的土壤污染物，施用不当，会引起土壤污染。

喷施于作物体上的农药（粉剂、水剂、乳液等），除部分被植物吸收或逸入大气外，约有一半散落于农田，这一部分农药与直接施用于田间的农药（如拌种消毒剂、地下害虫熏蒸剂和杀虫剂等）构成农田土壤中农药的基本来源。

农药是土壤中主要的有机污染物，直接进入土壤的农药大部分可被土壤吸附。质地黏重的土壤吸附力强，砂土吸附力弱。水分增加时，土壤对农药的吸附力减弱。随着土壤水分的蒸发，农药可从土壤中逸出，进入大气或流入水体中污染大气和水体。土壤有机质含量高，微生物种类多时，会加速土壤中农药的降解，减少农药的残留量。

5. 固体废物对土壤的污染

工业废物和城市垃圾是土壤的固体污染物。例如，各种塑料袋、农用塑料薄膜作为大棚、地膜覆盖物被广泛使用，如果管理、回收不善，大量残膜碎片散落田间，会造成农田“白色污染”。又如废弃的干电池主要含铁、锌、锰等，此外还含有微量的汞，也可污染土壤。汞的挥发温度低，是一种毒性较大的重金属，锰也具有很强的神经毒性。这些固体污染物既不易蒸发、挥发，也不易被土壤微生物分解，是一种长期滞留土壤的污染物。

二、土壤污染的特点

受到污染的土壤，本身的物理、化学性质发生改变，如土壤板结、肥力降低、土壤被毒化等，还可以通过雨水淋溶，污染物从土壤传入地下水或地表水，造成水质的污染和恶化。受污染土壤上生长的生物，吸收、积累和富集土壤污染物后，通过食物链进入人体，可造成对人的影响和危害。土壤由于自身的特性，或接纳一定的污染，具有缓和和减少污染的自净能力。但土壤不易流动，自净能力十分有限，所以，保护土壤不受污染十分重要。土壤污染的特点有以下几点：

1. 土壤污染具有隐蔽性和滞后性

大气污染、水污染和废弃物污染等问题一般都比较直观，通过感官就能发现。而土壤污染则不同，它就像一个看不见的隐形杀手，具有隐蔽性和滞后性，它需要通过土壤样品分析化验、农作物残留检测才能确定，甚至通过研究对人畜健康状况的影响才能确定。这种隐蔽性又使其对人或牲畜健康的影响往往在污染发生后很长时间才能发现。因此，土壤污染从产生污染到出现问题通常会滞后较长的时间。如日本的“痛痛病”经过了10—20年之后才被人们所认识。

2. 土壤污染的累积性

污染物质在大气和水体中，一般都比在土壤中更容易迁移。这使得污染物质在土壤中并不像在大气和水体中那样容易扩散和稀释，因此容易在土壤中不断积累而超标，同时也使土壤污染具有很强的地域性。

3. 土壤污染具有不可逆转性

重金属对土壤的污染基本上是一个不可逆转的过程，许多有机化学物质的污染也需要较长的时间才能降解。譬如：被某些重金属污染的土壤可能要100—200年时间才能够恢复。

4. 土壤污染很难治理

如果大气和水体受到污染，切断污染源之后通过稀释作用和自净化作用也有可能使污染问题不断逆转，但是积累在污染土壤中的难降解污染物则很难靠稀释作用和自净化作用来消除。

土壤污染一旦发生，仅仅依靠切断污染源的方法则往往很难恢复，有时要靠换土、淋洗土壤等方法才能解决问题，其他治理技术可能见效较慢。因此，治理污染土壤通常成本较高、治理周期较长。鉴于土壤污染难于治理，而土壤污染问题的产生又具有明显的隐蔽性和滞后性等特点，因此土壤污染问题一般都不太容易受到重视。

三、土壤污染的一般危害

土壤污染的危害性还没有得到人们的广泛认识。土壤污染的一般危害包括破坏土壤的生态环境、造成经济损失、污染大气与水。

1. 土壤污染对土壤生态的破坏

化肥引起的土壤污染是使土壤物理性质恶化、土壤胶体分散、结构破坏和土壤质地板结，还可使土壤酸化。土壤本身含有大量的微生物，在阳光、空气、水的作用下，微生物将土壤中的有机物降解，变成可被植物当做肥料吸收利用的腐殖质。如果土壤板结、胶体破坏，使土壤固水功能丧失，土壤沙化，使微生物失去生存环境，或土壤酸化、盐碱化，均会影响到土壤微生物的生存，从而破坏了土壤原有的生态结构和平衡，使其功能受损。

2. 土壤污染会带来严重的经济损失

许多人，包括一些领导，只注意到了企业产生的经济效益，却没有注意到它们对环境破坏带来的巨大经济损失。土壤污染使土壤功能损害，土地沙化，导致粮食减产，甚至绝收。我国每年仅因土壤重金属污染造成的粮食减产就达1000多万吨，每年被重金属污染的粮食多达1200万吨，共约合人民币200亿元。如我国辽宁沈阳张士灌区由于长期引用工业废水灌溉，导致土壤和稻米中重金属镉含量超标，人畜不能食用。土壤不能再作为耕地，只能改作他用。

土壤污染是工业化的副产品。可以说所有的污染源都来源于工业生产。据报道，目前我国受镉、砷、铬等重金属污染的耕地面积近3亿亩，其中“三废”污染耕地1.5亿亩，因固体废弃物堆放占用和毁损农田面积达200万亩以上；受到大气污染的耕地达8000万亩以上；污水灌溉农田面积占全国总灌溉面积的7.3%；遭受农药污染的农田面积达1.4亿亩，平均每公顷施用农药约14千克，比发达国家高出1倍，而有效率却只有30%，大量农药流失进入大气、水体、土壤及农产品中，土壤中的农药残留量逐年增加。

3. 土壤污染导致大气和水的污染

污染的土壤表土会在风力或水力的作用下进入大气和水体中，导致大气、地表水、地下水污染，带来其他次生生态环境问题。如城市人口密度大，表土的污染物质可以随扬尘通过呼吸系统进入人体，影响健康。另外，土壤中的污染物会通过降水等逐渐转移到地下水中，造成地下水污染。上海川沙污灌区的地下水中就检测出了氟、汞、镉、砷等重金属；成都市郊有的农村水井也因土壤污染导致井水中的汞、铬、酚、氰等污染物超标。

四、土壤污染对人类健康的危害

当土壤中含有害物质过多，超过土壤的自净能力，就会引起土壤的组成、结构和功能发生变化，微生物活动受到抑制，有害物质或其分解产物在土壤中逐渐积累，通过“土壤→植物→人体”，或通过“土壤→水→人体”间接被人体吸收，达到危害人类健康的程度。土壤污染对健康的危害依据污染物的不同而不同。

施用人畜粪便做肥料造成土壤污染，主要是对其处理不够，其中的寄生虫、病菌和病毒带入土中，可影响作物生长和人体健康。另外动物和人的尸体，尤其是病死后直接土葬，可导致尸体中病菌污染土壤。污染土壤中的寄生虫、病菌和病毒可附着在蔬菜上而被吃入人体，人们也可通过接触污染土壤而染病。有研究表明，致病微生物在土壤中可以存活相当长的时间，如霍乱弧菌可存活8—60天，痢疾杆菌可存活22—142天，沙门氏菌可存活70天，而寄生虫卵在土壤中的存活时间则更长，如蛔虫卵可存活2年以上。

农药污染土壤大多因为在土壤中长期残留，如有机氯农药在土壤中降解一半的时间要几年到几十年，并在作物体内富集，可长期影响作物和人体。农作物从土壤中吸收农药，在根、茎、叶、果实和种子中积累，通过食物、饲料危害人体和牲畜的健康。有机磷农药和有机氯农药会造成人体急慢性中毒。有机磷农药是一种神经毒剂，它能抑制体内的胆碱酯酶，造成乙酰胆碱聚集，导致神经功能紊乱等。急性中毒者表现症状有：恶心、呕吐、呼吸困难、瞳孔缩小、肌肉痉挛、神志不清等。慢性中毒者主要症状有：头痛、头晕、乏力、食欲缺乏、恶心、气短、胸闷等。有机氯农药慢性中毒似有机磷农药中毒症状，并有腰痛、肝肿大和肝功能异常等症状。此外，有机氯农药还可以对人和动物的内分泌系统、免疫功能、生殖功能等造成广泛影响。动物实验显示还有致突变、致畸、致癌的作用。

土壤重金属污染对健康的危害主要通过农作物的富集而污染粮食，通过食物链的作用，人们摄入污染的粮食、蔬菜而影响身体健康。土壤中容易造成农作物富集并对机体危害较大的金属污染物有镉（Cd）、汞（Hg）、铬（Cr）、铅（Pb）等。农作物体内的重金属主要是通过根部从被污染的土壤中吸收的。前面介绍过的1955年发生在日本的“痛痛病”事件，就是一起典型的由于镉（Cd）污染河水、再用污染的河水灌溉农作物、人食用了污染的粮食而导致镉中毒的严重公害病。铅对神经系统具有毒性作用，长期食用含铅过高的粮食会导致贫血、神经系统损害、智力障碍和肾损害。铬（Cr）有毒，对皮肤、黏膜有腐蚀作用，而且还具有致癌和致畸作用。汞对肝脏、肾和神经均具有毒性作用。砷（As）具有剧毒，也有致癌和致畸作用。

土壤重金属污染使农副产品质量不断下降，许多地方的粮食、蔬菜、水果等食物中的重金属含量超标或接近临界值。一些被污染的耕地生产出了“镉米”，一些污染灌区的蔬菜出现难闻异味。土壤污染通过食物链富集到人和动物身体中，危害健康，引发疾病。据调查，广西某矿区因污水灌溉使稻米含镉浓度严重超标，当地居民长期食用这种“镉米”已经达到“痛痛病”的第三阶段。有的地区因长期饮用污水，很多人患有各种疾病。

另外，土壤中的重金属还可随雨水流入河中污染河水、随雨水浸入地下污染地下水，进而通过饮水影响人体健康。土壤中的重金属也可随扬尘飘浮在空气中污染空气，并随空气进入人体而影响人体健康。

长期使用化肥，特别是氮肥，可使蔬菜，如卷心菜、菠菜、芹菜、青菜等中硝酸盐的含量增加。含硝酸盐的蔬菜在加工条件下会转化成亚硝酸，而亚硝酸在缺氧条件下会转化为亚硝酸盐，亚硝酸盐在酸性条件下可以合成亚硝胺。现已证明，亚硝胺可以引起肝、食道、胃等器官的肿瘤；也可诱发脑、大小肠、皮肤、肾、喉、肺、鼻腔、胰、膀胱、造血器官、淋巴等的肿瘤。

总之，土壤污染对健康的影响就像一个隐形杀手，具有隐蔽性和滞后性，虽然它没有空气污染、水污染那样对健康有明显影响，但它却悄悄地、慢慢地毒害着我们的身体。在我们现代的许多疾病中，尤其是像癌症中，都可以找到土壤污染的影子。因此，爱护我们的土地，减少施用化肥，减少施用农药，不乱倒垃圾，爱护环境，爱护我们的空气，爱护我们的水源，就是在爱护我们的健康，就是在爱护我们自己。

第三节　我国发生的土壤污染案例

一、甘肃铅污染事件

2006年9月12日，甘肃铅污染事件，造成甘肃省陇南市徽县水阳乡新寺、牟坝两个村354人血铅超标，因血铅超标问题住院的群众共179人。其中14岁以下171人，14岁以上的8人。

造成血铅超标事故的徽县有色金属冶炼有限责任公司周边400米范围内土地已经全部被污染。经过陇南市环保局环境监测站对徽县有色金属冶炼有限责任公司周边400米范围内的7个监测点进行的土壤总铅浓度的初步监测，发现：1—5厘米表层土壤总铅浓度为16—187毫克/千克，超出背景值0.83—2.46倍；15—20厘米耕层土壤总铅浓度有3个监测点高出背景值0.69—1.8倍，有两个高出背景值5.2—12.2倍。

二、陕西省龙岭村癌症现象

陕西省华县瓜坡镇龙岭村是一个独立的自然村，位于华县县城8000米外一个形似龙脊的土峁上。自1974年村上发现第一例食道癌患者至今，该村共死亡55人，其中30人死于癌症，其余人死于肺心病、脑血管病等，无一例自然死亡。全村人口从154人锐减至77人，癌病患者和死亡人数连年增多，且呈年轻化。龙岭村几十年来被癌魔笼罩，最终发现该村的土壤污染十分严重。

在龙岭村西北方4000米远是陕西化肥厂和复合化肥厂，西北风将工厂散播的悬浮颗粒污染物吹到龙岭村，使全村空气、水、耕植地、非耕植地以及室内用地、粮食作物等都受到了铅、铬、砷、铜、锌、镍、锰、磷等的污染。当地生产的面粉铅含量超出国家标准1.6倍，属重污染；铬超出国家标准2.98倍，属严重污染；芹菜中镉、铅、汞、砷、铬都超标，其中汞高出国家标准16倍、铅高出国家标准83.5倍，属特级污染；中药柴胡中镉、铅、汞、砷、铬都超标，其中铅高出国家标准 91.5 倍；豆角叶中铅高出国家标准 191 倍；核桃中铬高出国家标准 2.9 倍；油菜子中铅高出国家标准 75 倍。

三、沈抚灌渠闹出的“笑话”

建于 1961 年的沈抚灌渠，总投资 5000 多万元，全长近百千米，流经沈阳和抚顺两市 4 个县区的 11 个乡镇。当初建渠的目的是为了保护沈、抚两市沿浑河的水源，主要将抚顺的生活污水和工业废水引出。

当时人们惊喜地发现，灌渠流域内的农作物长势好、且产量高，灌溉面积 15 万亩，受益人口达 20 余万，人们称誉灌渠为“大米河”。这对于正处于“三年自然灾害”、粮食匮乏的中国而言，沈抚灌渠成为利用污水“变废为宝”灌溉农田的典型。据专家分析，当初的沈抚灌渠所接纳的主要是生活污水，而几家石油企业排出的含氨、氮等成分的废水，其功效相当于施用化肥。

随着工业的迅猛发展和人口的剧增，灌渠内各种污染物的长年积淀，使沈抚灌渠的水质日趋恶化。中科院沈阳应用生态研究所的多年跟踪调查表明，沈抚灌渠水体严重污染，已导致沿岸土壤中毒、农作物大幅度减产且污染物残留量较大。而辽宁省卫生防疫部门的一份报告明白无误地显示，沈抚灌渠流域地区的人群与清水地区的人群相比，患病率、患绝症率和死亡率及畸胎率，均明显高出一倍多。

当时沈抚灌渠作为污灌的典型，曾向全国推广，甚至还要到联合国去介绍经验。现在想想，幸好当初没去，否则还不成了笑话。

第四节　还人类一片净土

土壤污染防治是防止土壤遭受污染和对已污染土壤进行改良、治理的活动。土壤保护应以预防为主。预防的重点应放在对各种污染源排放进行浓度和总量控制；对农业用水进行经常性监测、监督，使之符合农田灌溉水质标准；合理施用化肥、农药，慎重使用下水污泥、河泥、塘泥；利用城市污水灌溉，必须进行净化处理；推广病虫草害的生物防治和综合防治，以及整治矿山防止矿毒污染等。改良治理方面，因重金属污染者可采用排土、客土改良或使用化学改良剂，以及改变土壤的氧化还原条件使重金属转变为难溶物质，降低其活性；对有机污染物如三氯乙醛可采用松土、施加碱性肥料、翻耕晒垡、灌水冲洗等措施加以治理。

一、防止土壤遭受污染

土壤污染防治的第一个方面是在源头上进行控制，即有效地降低污染物的排放，这主要有赖于国家环境政策与法规的不断完善和工矿企业技术革新的落实。

1. 科学地进行污水灌溉

工业废水种类繁多，成分复杂，有些工厂排出的废水可能是无害的，但与其他工厂排出的废水混合后，就有可能变成有毒的废水。因此在利用废水灌溉农田之前，应按照《农田灌溉水质标准》规定的标准进行净化处理，这样既利用了污水，又避免了对土壤的污染。

2. 合理使用农药

合理使用农药，不仅可以减少对土壤的污染，还能经济有效地消灭病、虫、草害，发挥农药的积极效能。在生产中，不仅要控制化学农药的用量、使用范围、喷施次数和喷施时间，提高喷洒技术，还要改进农药剂型，严格限制剧毒、高残留农药的使用，重视低毒、低残留农药的开发与生产。

3. 合理施用化肥

根据土壤的特性、气候状况和农作物生长发育特点，配方施肥，严格控制有毒化肥的使用范围和用量。增施有机肥，提高土壤有机质含量，可增强土壤胶体对重金属和农药的吸附能力。如褐腐酸能吸收和溶解三氯杂苯除草剂及某些农药，腐殖质能促进镉的沉淀等。同时，增加有机肥还可以改善土壤微生物的流动条件，加速生物降解过程。

4. 加强环境立法和管理

加强环境立法和管理，如日本根据土壤污染立法，对特定有害物镉、铜、砷，凡符合规定条件的，即定为治理区，需由当地政府采取治理措施。

二、污染土壤的修复

土壤污染防治的第二个方面是对污染土壤的修复，一般采取下列措施：

1. 改革耕作制度

土壤中污染物的危害程度常与土壤性质密切相关。如有机氯农药在旱作土壤中的残留期可长达数年，而在水田中嫌氧微生物群体的作用下，只需2—3个月即可基本消失；在水田中镉离子易形成难溶性化合物而减轻毒害；砷则相反，在水田中可形成比砷酸毒性更强的亚砷酸。因而可根据这些作用原理调整耕作制度，以减轻土壤污染的危害。

2. 合理利用污染土地

严重污染的土壤可改种非食用经济作物或经济林木，以减少食品污染。

3. 对污染土壤进行改良

施用石灰、磷酸盐、氧化铁等化学改良剂，可减轻土壤中重金属的毒害。采用稀酸和氯化铁处理土壤可加速排除土壤中的重金属，但具体实施时要防止污染地下水。客土或深埋等工程措施，是快速和较彻底地治理土壤污染的方法，但工程量较大。各种改良土壤污染的方法目前已经得到了深入的研究，且取得了可喜的进展，形成了一套自己的系统。

三、污染土壤修复技术

目前，世界各国对土壤重金属污染修复技术进行了广泛的研究，取得了可喜的进展。具体有如下几种修复措施：

1. 农业生态修复

农业生态修复主要包括两个方面：一是农艺修复措施。包括改变耕作制度，调整作物品种，种植不进入食物链的植物，选择能降低土壤重金属污染的化肥，或增施能够固定重金属的有机肥等措施，来降低土壤重金属污染。二是生态修复。通过调节诸如土壤水分、土壤养分、土壤酸碱度和土壤氧化还原状况及气温、湿度等生态因子，实现对污染物所处环境介质的调控。

2. 生物修复

生物修复是利用生物技术治理污染土壤的一种新方法。利用生物削减、净化土壤中的重金属或降低重金属毒性。由于该方法效果好，易于操作，日益受到人们的重视，成为污染土壤修复研究的热点。

植物修复技术是一种利用自然生长或遗传培育植物修复重金属污染土壤的技术。根据其作用过程和机理，重金属污染土壤的植物修复技术可分为植物提取、植物挥发和植物稳定三种类型。

植物提取，即利用重金属超积累植物从土壤中吸取金属污染物，随后收割地上部分并进行集中处理，连续种植该植物，达到降低或去除土壤重金属污染的目的。

植物挥发，其机理是利用植物根系吸收金属，将其转化为气态物质挥发到大气中，以降低土壤污染。

植物稳定，利用耐重金属植物或超累积植物降低重金属的活性，从而减少重金属被淋洗到地下水或通过空气扩散进一步污染环境的可能性。其机理主要是通过金属在根部的积累、沉淀或根表吸收来加强土壤中重金属的固化。

微生物在修复被重金属污染的土壤方面具有独特的作用。其主要作用原理是：微生物可以降低土壤中重金属的毒性；微生物可以吸附积累重金属；微生物可以改变根系微环境，从而提高植物对重金属的吸收、挥发或固定效率。如动胶菌、蓝细菌、硫酸还原菌、柠檬酸菌及某些藻类，有良好的效果。

3. 化学修复

化学修复就是向土壤投入改良剂，通过对重金属的吸附、氧化还原、拮抗或沉淀作用，以降低重金属的生物有效性。该技术关键在于选择经济有效的改良剂，常用的改良剂有石灰、沸石、碳酸钙、磷酸盐、硅酸盐和促进还原作用的有机物质，不同改良剂对重金属的作用机理不同。施用石灰或碳酸钙主要是提高土壤 pH 值，促使土壤中的重金属元素形成氢氧化物或碳酸盐结合态盐类沉淀。有人研究指出，利用一些对人体无害或有益的金属元素的拮抗作用，也可以减少土壤中重金属元素的有效性。

化学修复是在土壤原位上进行的，简单易行。但并不是一种永久的修复措施，因为它只改变了重金属在土壤中存在的形态，金属元素仍保留在土壤中，容易再度活化危害植物。

4. 物理修复

电动修复是通过电流的作用，在电场的作用下，土壤中的重金属离子和无机离子以电渗透和电迁移的方式向电极运输，然后进行集中收集处理。该方法特别适合于低渗透的黏土和淤泥土，可以控制污染物的流动方向。电动修复是一种原位修复技术，不搅动土层，并可以缩短修复时间，是一种经济可行的修复技术。

电热修复是利用高频电压产生电磁波，产生热能，对土壤进行加热，使污染物从土壤颗粒内解吸出来，加快一些易挥发性重金属从土壤中分离，从而达到修复的目的。该技术可以修复被汞和铯等重金属污染的土壤。另外可以把重金属污染区土壤置于高温高压下，形成玻璃态物质，从而达到从根本上消除土壤重金属污染的目的。

土壤淋洗是利用淋洗液把土壤固相中的重金属转移到土壤液相中去，再把富含重金属的废水进一步回收处理的土壤修复方法。该方法的技术关键是寻找一种既能提取各种形态的重金属，又不破坏土壤结构的淋洗液。目前，用于淋洗土壤的淋洗液较多，包括有机或无机酸、碱、盐和螯合剂。

5. 工程措施修复

通过客土、换土和深耕翻土等措施，可以降低土壤中重金属的含量，减少重金属对土壤—植物系统产生的毒害，从而使农产品达到食品卫生标准。深耕翻土用于轻度污染的土壤，而客土和换土则实用于重污染区。工程措施是比较经典的土壤重金属污染治理措施，它具有彻底、稳定的优点，但实施工程量大、投资费用高，破坏土体结构，引起土壤肥力下降，并且还要对换出的污土进行堆放或处理。

第五章 食品污染与人类健康

食品污染是指食品被外界一些有毒有害物质污染，造成食品安全性、营养性、感官性状发生变化，从而改变或降低食品原有的营养价值和卫生质量，并对人体健康产生危害的过程。食品污染是影响食品安全的主要问题。

第一节 从毒奶粉事件说起

所谓“毒奶粉事件”是指制造商三鹿集团生产的一批婴幼儿奶粉中，被发现含有化工原料三聚氰胺，导致食用该奶粉的婴儿患上肾结石的事件。其后，愈来愈多制造商的奶制品被揭发也含有三聚氰胺。根据我国官方公布的数字，截至 2008 年 9 月 21 日，因使用婴幼儿奶粉而接受门诊治疗咨询且已康复的婴幼儿累计 39965 人，正在住院的有 12892 人，此前已治愈出院 1579 人，死亡 4 人；另截至 2008 年 9 月 25 日，香港有 5 人、澳门有 1 人确诊患病。事件引起各国的高度关注和对乳制品安全的担忧。中国国家质检总局公布对国内的乳制品厂家生产的婴幼儿奶粉的三聚氰胺检验报告后，事件迅速恶化，包括伊利、蒙牛、光明、圣元及雅士利在内的 22 个厂家 69 批次产品中都检出三聚氰胺。该事件亦重创中国大陆制造商品信誉，多个国家禁止了中国乳制品进口。

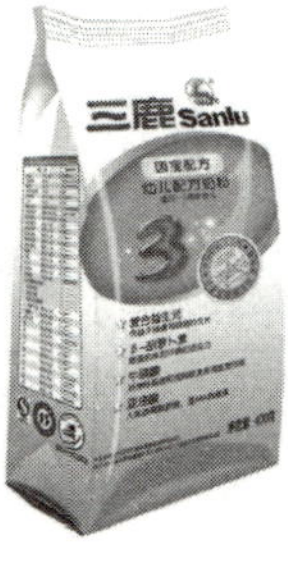

三鹿奶粉事件让人们关注食品安全

2008年9月8日，甘肃岷县14名婴儿同时患有肾结石病症，引起外界关注。至9月11日甘肃全省共发现59例肾结石患儿，部分患儿已发展为肾功能不全，同时已死亡1人，这些婴儿均食用了三鹿18元左右价位的奶粉。而且人们发现2个月来，全国多省已相继有类似事件发生。卫生部高度怀疑三鹿牌婴幼儿配方奶粉受到三聚氰胺污染，三聚氰胺是一种化工原料，可以提高蛋白质检测值，人如果长期摄入会导致人体泌尿系统膀胱、肾产生结石，并可诱发膀胱癌。

国家质量监督检验检疫总局对全国婴幼儿奶粉三聚氰胺含量进行检查，结果显示，有22家婴幼儿奶粉生产企业的69批次产品检出了含量不同的三聚氰胺，除了河北三鹿外，还包括：广东雅士利、内蒙古伊利、蒙牛集团、青岛圣元、上海熊猫、山西古城、江西光明乳业英雄牌、宝鸡惠民、多加多乳业、湖南南山等22个厂家69批次产品中检出三聚氰胺，被要求立即下架。

2008年9月19日，伊利、蒙牛及光明三品牌液态奶被中国质检总局公布含有三聚氰胺，抽检蒙牛121批次产品中，有11批次被检出三聚氰胺，检出值在每公斤0.8—7毫克；伊利81批次产品中，有7批次检出三聚氰胺，检出值在每公斤0.7—8.4毫克；光明93批次产品中，6批次检出三聚氰胺，检出值在每公斤0.6—8.6毫克。

此外，在新加坡与香港均发现中国生产的伊利雪糕和大白兔奶糖含有三聚氰胺；台湾则是在大陆进口的奶精中发现三聚氰胺，此事导致台湾使用大陆奶精的产品包括即溶咖啡、麦片等大规模下架。这是全球第一回发现大陆植物性蛋白类产品掺有三聚氰胺的案例；香港也疑似在雀巢公司的炼乳中发现三聚氰胺的踪迹。

事件爆发后，多个国家和地区开始全面或部分禁止中国大陆奶制品及相关产品（糖果、咖啡和巧克力等）的销售或进口。欧盟也宣布，已全面禁止含牛奶成分的中国制婴儿产品进口。

事件进一步升级后，中国奶制品行业在网络抽样分析中，民众的信心指数已降至最低点。不少大陆民众人心惶惶，许多人不敢吃大陆品牌奶制品，外国奶粉销量开始上升。

2008年9月23日，中国国务院总理温家宝在出席联合国千年发展目标高级别会议和第63届联大一般性辩论前在午宴上说：“毒奶粉事件给消费者特别是婴幼儿的身体健康带来了极大危害，也造成了严重的社会影响。作为中国政府负责人，我感到十分痛心。”他承诺将从根本上改善中国奶产品质量和食品安全的状况。

毒奶粉事件暴露了食品安全问题，也唤起了人们对食品安全和食品污染与健康问题的关心。民以食为天，在所有环境污染对人类健康的危害中，数食品污染的危害最大、最直接。

第二节　食品污染及其对人类健康的影响

食品污染是影响食品安全的主要问题，特别是随着食品生产的工业化和新技术、新原料、新产品的采用，造成食品污染的因素日趋复杂化，高速发展的工农业带来的环境污染问题也波及食物并引发一系列的严重的食品污染事故。

一、食品污染问题很严重

目前，在世界范围内，食品污染问题日益尖锐、突出。除中国的毒奶粉事件外，近几年来，国际上相继发生了一系列震惊世界的食品污染事件，如欧洲的二噁英污染畜禽饲料事件、比利时可口可乐污染事件、法国的李斯特菌污染熟肉罐头事件和日本的生拌色拉蔬菜的O157：H7大肠杆菌污染事件等，形成一次次的食品卫生问题的冲击波，使食品的安全性成为人们关注的热点。

食品污染事件的频繁发生，引起了有关国际组织和机构以及各国政府的高度重视。一些国际组织和国家政府纷纷采取措施控制食品污染，确保食品的安全，例如欧盟于2001年1月份发布了“食品安全白皮书”，计划在近年内组建欧洲食品安全权威机构，并建立快速警报系统，使欧盟委员会对可能发生的食品卫生问题采取适当的反应。美国于1998年成立了总统食品安全委员会，法国也成立了食品安全局，加强了国家对食品安全的管理力度。这一切都说明防止食品污染、保证食品安全、维护消费者的健康和权益已成为各国的一项重要国策。

二、食品污染产生的途径

1. 环境污染引起食品生产过程污染

环境污染，包括大气污染、水体污染和土壤污染，可以从食品种植、养殖的生产源头上影响食品。我国环境污染相当严重，据中国环境质量公报，我国七大水系、湖泊、水库、部分地区地下水和近岸海域已受到不同程度的污染，在污染水体中生长的水生生物，包括水藻、鱼虾、贝、蟹等被污染后，有害物质通过食物链的聚集、浓缩，最后到达食物链的顶端——人体，从而引起人类的急性或慢性中毒，甚至祸害子孙后代。例如20世纪50年代日本的先天性水俣病是世界上第一例因环境污染而诱发的先天畸形病。20世纪80年代发生在上海的甲肝流行事件，就是因启东地区带甲肝病毒的粪便污染了水域，造成毛蚶污染而引起的。

工业废水对农作物的污染更为直接，影响也大。据统计，我国工业废水有80%未经处理就直接排放。工业废水中的有毒重金属污染物，无机、有机有毒化合物，还有许多水体被农药污染，被洗涤剂等生活污水污染。特别是近年来我国城镇规模化畜禽养殖业已发展到相当大的数量，但畜禽排放的大量粪尿与养殖场的大量废水，大多未经妥善处理即直接排放。这些粪便中常常含有大量细菌、残存的驱虫药、抗生素、饲料添加剂、激素等对人体和水体环境有害的物质。一些城市（如上海、北京等）畜禽养殖业的污染负荷量已经超过工业污水、生活污水和污染负荷总和，这对周围的环境及一些水体造成了极其严重的污染。如果用这些污水来灌溉农田，就会污染土壤，造成许多有毒物质进入农作物（粮食、蔬菜、水果等）体内，长期积累下来后再被人体摄入。如果用被污染的农作物喂养牧畜、家禽等，也同样会造成有毒物质在这些动物体内积存，然后再通过食物链而转入人体，危害健康。

2. 家禽、家畜喂养过程中的人为污染

我国有些养殖户为了节省成本，把变了质的、已结成饼、发出一股霉味的米皮糠作饲料喂猪，怕猪吃了出问题，就在饲料中多加点土霉素（或其他抗生素）和自制的添加剂。他们还用“肠粉”和“血粉”来代替鱼粉作为蛋白饲料。在这些个体养殖户看来，饲养家禽、家畜，无须讲究，饲料配方、药品使用、卫生防疫、屠杀规程等都可自作主张，随意性很大。据说，为了家禽、家畜长得快、出肉率高，饲养场养猪、养家禽，几乎没有不使用添加剂、抗生素和激素的。这些抗生素一部分被残留在动物体内，造成食物的抗生素污染。当人吃入这种动物的肉、奶、蛋时，也间接地吃入了这些抗生素。长此以往的后果是在人体内产生抗药性，破坏人体内正常的微生态平衡，造成“肠道菌群失调症”；有时可能造成严重的抗生素过敏反应。

农户、养鱼户为了使家禽、农畜及鱼类快长肉、多长肉而使用各种激素，例如为了猪、牛、羊快速生长，在饲料中添加生长激素；为了奶牛多产奶，采用人工受孕、给奶牛喂雌激素和孕激素等；为了不让鱼产卵影响长肉，就给鱼或鳝鱼喂避孕药，等等。这些激素会严重地危害人类健康，会使儿童早熟。据报道，北京某医院妇科接诊了一位“患者”，她是一养鱼专业户的女儿，8 岁，可女性性特征已显露，并已出现初潮。其母对女儿的异常现象十分着急，医生的诊断结果是性早熟。其缘由是该养鱼专业户怕鱼产卵影响长肉，就给鱼喂避孕丸，而其女又特别爱吃鱼，结果因为父母为了多赚钱导致了下一代性早熟。

如“肉瘦精”猪肉案，2001 年 4 月 25 日，广东河源的王小姐一家六口进食含“瘦肉精”的猪肝后出现手脚发抖、头痛、心慌、气促等不适。这就是见诸媒体的首宗“瘦肉精”导致中毒的事件。时隔半年，广东河源市又发生多起群体性严重食物中毒事件，这次被“瘦肉精”毒倒的有 333 人。医院及疾病控制部门均表示：这是河源市建市以来中毒人数最多的群体性食物中毒事件，所有中毒者病发前均进食过猪肉。在这期间，浙江、上海、北京也有“瘦肉精”中毒事件发生。“瘦肉精”中的化学成分在医学临床上可以治疗哮喘，国际上也有一些运动员非法服用该药以提高肌肉力量。20 世纪 80 年代初，美国一家公司开始将其添加到饲料中，增加瘦肉率。由于人食用了添加“瘦肉精”的猪肉、猪肝后会引起心脏功能紊乱，我国已对其明令禁止。然而，一些不法养殖商贩仍在违规添加。2009 年 2 月 19 日，广州市又出现“瘦肉精”中毒事件；至 21 日，事件累计发病人数 70 人。据广州市食品安全办公室介绍，目前已查明，导致本次“瘦肉精”中毒的生猪是由生猪个体经营者分别收购自湖南省冷水江市、涟源市、新化县、衡阳县，通过天河牲畜批发市场进入广州市天河、增城的肉菜市场进行售卖。本次“瘦肉精”中毒事件发生的原因是由于外省个别不良生猪养殖户使用违禁“瘦肉精”喂养生猪，生猪经销者伪造检疫合格证逃避检验，导致含“瘦肉精”残留的猪肉流入广州市零售市场，最终导致大范围的中毒事件。

3. 粮食、蔬菜、水果种植过程中人为的污染

为了提高粮食、蔬菜、水果产量而大量使用化肥、植物生长激素、膨大素，这些化学物质可能改变粮食、蔬菜、水果的性质，或残留在食物中。现在有些水果、蔬菜异常的大，产量虽然上去了，可口味全没了。更重要的是吃了这些食物会对人体健康产生严重的不良影响，包括导致癌症、生长发育异常、性与生殖功能异常等。为了防治作物病虫害，一些人大量使用农药，使农药在粮食、蔬菜、水果、茶叶中大量残留，严重超标。如果人长期食用超标农药残留的食物也可导致慢性农药中毒，并具有环境激素样作用。

4. 食品加工过程中的人为污染

据中国质量万里行记者在采访中发现，河北、天津等地的一些不法商贩，以制作蛋白饲料或以养狗喂雕之名，大量收购病死鸡，运往天津武清县、河北廊坊市等地的集散地，批发给当地农民，他们用双氧水泡半天时间，待淤血泡出后，再佐以亚硝酸盐、柠檬黄等化工原料及一些土产“香料”加工着色，制成“烧鸡”等熟食，再销往北京、天津、河北、山东、山西等地。生产数量之多，参与者之众，涉及范围之广，性质之恶劣，令人发指，这一违法行为已有 10 余年历史，竟无人过问。

山东历城工商分局巡查人员发现货架上的所谓“优质香肠”，竟是在一排废弃的破旧养猪房内生产的，一台粉碎机正在粉碎长满绿毛的变质火腿香肠，

屋内乱七八糟地堆放着造假用的模具，发了霉的猪肉，变质的火腿、香肠，满地污水横流，苍蝇成群，不时散发出阵阵恶臭味。

市场上销售的一些豆制品，看上去色泽鲜明，听上去名目诱人，实际上也是在卫生状况极差、根本不具备食品生产条件的恶劣环境下制作的，而且还掺入不少工业用的滑石粉、建筑用的黄色颜料等有害人体健康的物质。

一些不法生产商人为了食物颜色好看，在食品中添加“苏丹红”，包括香肠、泡面、熟肉、馅饼、辣椒粉、番茄酱、调味酱等产品。苏丹红是一种工业染料，国际癌症研究机构（IARC）将苏丹红Ⅰ归为三类致癌物。肝脏是苏丹红Ⅰ产生致癌性的主要靶器官，此外还可引起膀胱、脾脏等脏器的肿瘤；苏丹红Ⅰ具有致敏性，可引起人体皮炎；苏丹红Ⅰ还有细胞遗传毒性而具有致突变作用。另外，用工业硝盐卤制的卤肉颜色红润，很是好看，但长期食用则易致癌。

为了使食品达到漂白和光滑的效果，一些不法商贩把“吊白块”加入米线、耳块、面粉、豆腐皮中，浙江有消费者因食用掺“吊白块”的粉丝而险些丧命。“吊白块”又称雕白粉，学名次硫酸氢钠甲醛，为半透明白色结晶或小块，易溶于水，高温下具有极强的还原性，有漂白作用。遇酸即分解，120℃下分解产生甲醛、二氧化硫和硫化氢等有毒气体。吊白块水溶液在60℃以上就开始分解出有害物质，通常在工业上用作漂白剂。其毒性与其加工过程中分解产生的甲醛有关，甲醛是细胞原浆毒，能使蛋白质凝固。食用掺有吊白块的食品，会损坏人的肝脏、肾脏，严重的会导致癌症和畸形病变；口服甲醛溶液10—20毫升，可致人死亡；人长期接触低浓度甲醛蒸汽可出现头晕、头痛、乏力、嗜睡、食欲减退、视力下降等。

有些小企业、小商贩生产的各种各样的儿童食品，其质量也难以过关。其中细菌、色素大量超标，有的还把儿童玩具混装在食品袋内。不但农村市场上质量低劣的儿童食品随处可见，1999年11月27日上海市技术监督局公布的一项调查结果显示，上海市场上的儿童食品——果冻也竟有七成不合格。

5. 食品储藏过程中的污染

食品在储藏过程中，可能发生腐烂、霉变、虫蛀和鼠咬，从而产生毒害物质，虫蛀和鼠咬还可污染病菌，人食用了这些腐败、霉变、污染的食品就可能中毒、生病，甚至死亡。大米、花生、玉米等储藏时间过久，尤其是在潮湿的条件下，常常会发生霉变，产生黄曲霉素，而黄曲霉素是强烈的致肝癌物质，食用后会诱发肝癌。老鼠可能传播多种病菌，食用被老鼠咬过的食物，或被鼠尿污染的粮食，则可能染上如鼠疫、流行性出血热等严重传染性疾病。

食品在保存的过程中，人们为了保鲜和防止储藏过程中的腐败变质，通常会加入各种防腐剂、保鲜剂，包括各种饮料、罐装食品等。虽然少量食用这些添加剂、保鲜剂对人体危害不大，但如果长期食用，则会影响人体健康。熟食品、肉食品在常温下安全保存的时间非常短，因此，我们应该尽量食用新鲜食物。

另外，为了防止虫蛀和鼠咬，在粮食储藏过程中，人们常常会使用农药、鼠药等，从而污染了粮食和食物，如果食用被农药或鼠药污染的食物，则可能对健康构成严重威胁。

6. 食品销售过程中的污染

在食品销售过程中，还可能遭受人为的掺杂使假，销售假冒伪劣、过期变质的食品。或者由于进货渠道把关不严，不自觉地销售了假冒伪劣食品，尤其是一些小商小贩，缺乏验货条件和能力，更易如此。而一些小作坊式的食品生产、加工、销售，更是成为食品污染的重灾区。

另外，熟食品的包装袋也可能成为污染的来源，特别是对于熟食品，如果用不合格的有毒塑料袋包装，就可能使食品染毒。

三、食品污染对人体健康的危害

食品污染人体健康造成的危害主要为影响食品的感官性状、引起机体急慢性中毒、对机体的远期危害，如致癌、致突变、致畸作用。具体的危害依食品污染物的不同而不同。

1. 食品中的微生物污染与人体健康

主要是由有害微生物及其毒素、寄生虫及其虫卵和昆虫等引起的。肉、鱼、蛋和奶等动物性食品易被致病菌及其毒素污染，导致食用者发生细菌性食物中毒和人畜共患的传染病。致病菌主要来自病人、带菌者、病畜和病禽等。致病菌及其毒素可通过空气、土壤、水、食具、患者的手或排泄物污染食品。被致病菌及其毒素污染的食品，特别是动物性食品，如食用前未经煮熟或未经必要的加热处理，会引起沙门氏菌或金黄色葡萄球菌毒素等细菌性食物中毒；食用被污染的食品还可引起炭疽、结核和布氏杆菌病（波状热）等传染病；其他如霍乱弧菌、大肠杆菌、痢疾杆菌、溶血性链球菌、口蹄疫病毒、禽流感病毒、甲型肝炎病毒等，从而引起相应的疾病。1988 年上海爆发的甲肝大流行就是典型的例子。另外，有些细菌还含有可分解各种有机物的酶类，并在适宜条件下大量生长繁殖，食品被这些细菌污染后，其中的蛋白质、脂肪和糖类可在各种酶的作用下分解，使食品感官性状恶化，营养价值降低，甚至腐败变质。

如果食品被寄生虫或寄生虫卵污染，人食用后则可引起相应的寄生虫病，如绦虫病、脑囊虫病、脑包虫病、华支睾吸虫病（又称肝吸虫病）、蛔虫病等。污染源主要是病人、病畜和水生物。污染物一般是通过病人或病畜的粪便污染水源或土壤，然后再使家畜、鱼类和蔬菜受到感染或污染。

真菌广泛分布于自然界。受真菌污染的农作物、空气、土壤和容器等都可使食品受到污染。部分真菌菌株在适宜条件下，能产生有毒代谢产物，即真菌毒素，对人畜都有很强的毒性。一次大量摄入被真菌及其毒素污染的食品，会造成食物中毒；长期、小量摄入受污染的食品也会引起慢性病或癌症。如黄曲霉毒素不仅具有很强的肝脏毒性，导致急慢性肝中毒，甚至导致死亡，而且还具有很强的致癌性，可引起肝癌、胃癌、肾癌、结肠癌、乳腺癌等癌症。黄曲霉毒素是黄曲霉菌产生的活性物质。黄曲霉菌是真菌的一种，普遍存在于空气和土壤中，在有氧、温度较高和潮湿的条件下容易生长，易在花生、玉米、大米、小麦、大麦、棉籽和大豆等农产品上生长发霉。黄曲霉素对食品原料和成品的污染很普遍，我国南方地区、印度、美国和一些东南亚国家的粮产品中黄曲霉毒素污染率均较高。黄曲霉毒素的急性毒性主要是对肝脏造成损害，造成肝细胞变性，脂肪浸润、胆管增生等。黄曲霉毒素不仅引起家禽、鱼类、家畜和其他动物的肝癌等肿瘤，流行病学调查发现在粮油、食品受黄曲霉毒素污染严重的地区，人类肝癌发病率也较高。国际癌症研究所将黄曲霉毒素确定为一级人类致癌物。

食用被黄曲霉毒素污染严重的食品后可出现发热、腹痛、呕吐、食欲减退，严重者在2—3周内出现肝脾肿大、肝区疼痛、皮肤黏膜黄染、腹水、下肢浮肿及肝功能异常等中毒性肝病的表现，也可能出现心脏扩大、肺水肿，甚至痉挛、昏迷等症。

早在公元前1世纪就有因食用霉变的谷物引起某些疾病，导致孕妇流产、畸胎的记载。霉变的饲料可使家畜的生长减缓，出现畸胎或死亡。20世纪60年代，英国一家农场10万只火鸡食用霉变的花生粉后，相继在几个月内死亡，研究人员发现有些真菌毒素不仅具有很强的毒性，而且也是重要的致癌物质。

粮食和各种食品的贮存条件不良，容易孳生各种仓储害虫。例如粮食中的甲虫类、蛾类和螨类；鱼、肉、酱或咸菜中的蝇蛆以及咸鱼中的干酪蝇幼虫等。枣、栗、饼干和点心等含糖较多的食品特别容易受到侵害。昆虫污染可使大量食品遭到破坏，食用了这些受昆虫污染的食品也可能对人体健康造成危害。

2. 食品中化肥污染与人体健康

在农业生产中，由于近几年大量长期地乱施化肥造成了农业环境的污染，进而给食品带来了污染。在蔬菜种植中，施用过量的氮肥，再加上蔬菜是富集硝酸盐的植物性食物，从而对叶菜类蔬菜含硝酸盐影响最大。人类摄入硝酸盐约有80%—90%来自蔬菜，虽然蔬菜中的硝酸盐对人体无害，但它极易还原成亚硝酸盐，导致癌症发生。世界卫生组织和联合国粮农组织在1993年就规定硝酸盐的日允许摄入量为0.36毫克/千克（体重），亚硝酸盐的日允许摄入量为0.13毫克/千克（体重）。从一次测定结果来看，有些蔬菜（叶菜类）硝酸盐含量已经超标，大多数蔬菜的亚硝酸盐含量尚未超标，但腌制的芥菜已明显超标，对人类的身体健康存在着一种潜在威胁，应引起人们的高度重视。

被硝酸盐污染的蔬菜对人体的影响主要有以下两方面：一是硝酸盐含量高可能会引起高铁血红蛋白症；二是硝酸盐、亚硝酸盐是强致癌物质亚硝酸胺的前体，可诱发消化系统癌变。

3. 食品中的农药污染与人体健康

有机氯类农药在我国使用长达 30 余年。虽然 1983 年停止生产有机氯类农药，但它们的残留问题仍不容忽视。如 DDT、六六六的残留期长达 50 年。有机氯类农药挥发性不高，脂溶性强，化学性质稳定，易于在动植物富含脂肪的组织及谷类外壳富含脂质的部分中蓄积。

人体长期摄入含有有机氯农药的食物后，主要造成急、慢性中毒，侵害肝、肾及神经系统；此外，农药还具有环境激素的作用，对内分泌及生殖系统也会造成一定损害。

在肝病高发的某县，肿瘤病人体内脂肪中的 DDT 和六六六残留量都高于健康人的水平。国外有人提出警告，即使立即停止使用 DDT、六六六，现在人体脂肪中的蓄积量在 10—20 年内也不会改变。

我国自停止使用有机氯类农药以来，有机磷类农药已成为最主要的一类农药，尤其是蔬菜、瓜果、茶叶等用量较大。据某市调查，在蔬菜上使用较多的是乐果、DDV、甲胺磷、马拉硫磷等，而且在使用这些农药后都难于做到安全间隔以后进入市场。

经常摄入微量有机磷农药可引起精神异常、慢性神经炎，对视觉机能、生殖功能和免疫功能有不良的影响，尚有致癌、致畸、致突变等危害。

4. 食品中重金属和非金属的污染与人体健康

有害金属与非金属对食品产生污染的主要来源就是工业生产中的废水、废气、废渣（简称“三废”）不经处理随便排放，使水和土壤污染，再造成种植、养殖的粮食动物污染，这是食品有害金属与非金属污染的重要原因。未经处理随便排放的“三废”中含有大量的汞、镉、砷、铅、镍、锑、锡、钴、铬、氟和硒等，可使水源和土壤遭到严重污染。通过灌溉、养殖和栽培，有害污染物经动、植物的吸收、富集，进入食物链，使鱼虾等水产品和粮食以及其他农副产品等受到严重污染。

汞的污染：据调查，江苏省主要水系中鱼体内汞的检出率达100%。鱼体内的汞有95%以上是毒性很强的甲基汞，对人体的危害较大，不但损害中枢神经系统，引起一系列的神经和精神症状，而且遗传，易发生畸胎。

在日本水俣地区就有6%的“水俣病”是先天的，这些小孩表现为发育不良、智力减退、畸形，有的瘫痪而死。经过“三废”中废水灌溉后的粮食、蔬菜、瓜果中的汞检出率也很高，有些含量已超过了国家标准。

镉的污染：镉在一般环境中相当低，但通过食物链的富集后，可达到相当高的浓度。由于含镉工业废水排入水体，水生生物能从水中浓集镉。其体内浓度可比水体含镉量高4500倍左右。食物是摄入镉的主要来源，人体每天所摄入的镉，仅有很小一部分排泄出来。随食物进入体内的镉经消化系统吸收进入血液，血液中的镉大部分进入肾脏和肝脏，并在体内蓄积，引起肾近曲小管上皮细胞的损害，临床上出现高钙尿、蛋白尿、糖尿、氨基酸尿，最后导致负钙平衡，引起骨质疏松症。

5. 食品中有机、无机物的污染与人体健康

食品中有机和无机污染物的种类复杂，污染途径也多种多样。它们的主要来源有：工业“三废”的排放等环境污染物导致食品生产过程污染；食品加工过程的污染；食品容器包装材料污染等。

多环芳烃类是一类数量多、种类复杂、分布广，与人的关系密切及对人的健康威胁较大的化学致癌物质。多环芳烃主要由各种有机物如煤、柴油、汽油、原油及香烟燃烧不完全而来。苯并芘是多环芳烃类化合物污染食品的一种主要的致癌性污染物。在新鲜肉、烟熏制肉、煎炸烘烤食品、各类蔬菜、水果类、粮食类、海产类、植物油及酒类中都能检出苯并芘，特别是油炸、烧烤、烟熏食品中致癌物质会大大增加。多环芳烃对人体的主要危害可能是致癌。

流行病专家为了预测食品中的多环芳烃对人体致癌的危险性，进行了大量的研究。匈牙利西部一地区胃癌明显高发，调查认为与该地区居民经常吃家庭自制含苯并芘比较高的熏肉有关；前苏联曾报道拉脱维亚一个沿海地区胃癌明显高发，据认为是吃熏鱼较多而致。

亚硝胺也是公认的致癌污染物之一，对动物所有的重要器官都可发生作用，但以肝脏和食管最为敏感，由于生成亚硝胺的前体物质二级胺和亚硝酸盐在自然界分布很广，并可在动物和人体内生成，因此亚硝胺也是食品中普遍存在的有害物质，亚硝胺与苯并芘对食品的污染都与加工方法有关，如生鲤鱼的亚硝胺为4微克/千克，经熏制后增至9微克/千克；如经硝酸盐发色后再烟熏处理，可增至14—26微克/千克。

氯乙烯、A-苯基r奈胺、苯二甲酸二辛酯是食品包装、容器材料中的有害物质。氯乙烯是塑料制品的单体，具有致癌性，在氯乙烯中添加的增塑剂（苯二甲酸二辛酯）、稳定剂都有一定毒性，当接触水、油、酒精、酸、碱时可能溶解迁移到食品中去。如果用了含氯乙烯的塑料制品做食品包装，则可导致食品的污染；如使用含有增塑剂的聚氯乙烯容器盛放淡水或海水饲养鱼时，可导致鱼死亡。据试验，苯二甲酸二辛酯能引起白细胞增加、贫血、血尿、中枢神经系统的纤维细胞死亡等。

又如仿瓷餐具，也叫密胺餐具，是一种在餐馆、家庭广泛使用的新型餐具。据中新网2009年4月12日报道，最近，北京、河北两地在对仿瓷餐具的检测中，发现部分企业存在甲醛超标等质量问题。深入调查发现，一些企业竟然在用禁用原料尿素甲醛树脂生产仿瓷餐具。尿素甲醛树脂遇高温易分解出甲醛，而甲醛是公认的致癌物质，用这样的餐具盛装食品，必然会导致食品的污染。

第三节　食品污染的几个典型事件

一、毛发水兑制有毒酱油

2001年6月，重庆市查获万州三凯生化厂卖胱氨酸废液给酱油厂勾兑酱油。此事引起国务院的高度重视。胱氨酸俗称“毛发水”，是应处理排放的废液，所含铅、砷、黄曲霉毒素、4—甲基米唑、氯丙醇等对人体有害。此外还有长期以来危害消费者的注水肉、在面粉中添加增白剂使面粉增白剂超标等，形成一条在食品领域流行的“毒流”。

二、广东毒大米事件

2000 年 12 月，广东省江门市的消费者因食用了掺有矿物油的大米而中毒。在消费者中毒后的不久，江门市的防疫部门在清查中就缴获了 3 吨毒大米。此后，广东市场上的有毒大米被陆续发现。调查发现，市场上出现的毒大米实际上是过期的战争储备粮，按照相关规定，这些已经变质的大米只能用作工业用途。不法分子用陈旧米掺入矿物油等工业用油，增加大米光泽后出售。这些工业用油中含有多种有毒物质，包括超标的黄曲霉毒素，而人食用被黄曲霉毒素污染严重的食物后，就会出现发热、腹痛、呕吐等症状，重者可能出现肺水肿、痉挛、昏迷等症状。

三、南京冠生园“黑心”月饼案

事件的揭露颇具戏剧性，中央电视台记者对南京冠生园月饼生产厂进行了整整一年的跟踪调查。中秋节过后第 9 天，冠生园食品厂当年没有卖完的价值几百万元的月饼被陆续从各地收了回来，并运进了一间蒙着窗户纸的车间。被回收的月饼主要有豆沙、凤梨和莲蓉三大类，它们在经历去皮取馅、重新搅拌炒制和入库冷藏等几道工序后，来年又被重新加以利用。而发霉的馅料会在重新使用之前再回炉处理一下，最终，所有这些馅料都被送上了生产线，用来加工做成新月饼。这种过期霉变的月饼食用后对健康的危害是可想而知的。可南京冠生园食品厂负责人在记者面前还振振有词地说：“旧陷做新饼，在全国范围内是普遍现象。”事件捅出后，市场大哗。消费者对月饼质量的信任度降到了最低点，“南京冠生园”最终也以关门收场。

四、甲醛水发食品的案件

2001 年 11 月 8 日，北京市对 35 个农集贸市场和 33 个大中型超市、商场、菜市场销售的水发食品进行突击监督检查，现场抽检虾仁、百叶、海参、黄喉、鱿鱼、鸭肠、鸭掌、海螺、天梯、扇贝肉等水发食品 926 件，查出 32.2% 的水发食品掺入了甲醛。

2001 年 10 月 24 日，广州市场发现总量达 10 吨的怀疑含有甲醛的有毒蜜枣，部分已流入小型零售商铺。

2001 年 8 月 22 日，江苏省江阴市发现一种挂面中含有甲醛。

2001 年 6 月 14 日，湖南长沙市抽检约 800 件冰冻墨鱼仔，其中甲醛浓度最高的每公斤含量为 30 毫克。

2001 年 6 月 2 日，浙江金华市发现一批粉丝含有化工原料甲醛，并查获大批的毒粉丝。

2001 年 5 月 12 日，武汉市发现粮食制品加工经营者普遍在米粉中添加甲醛增白，同时发现一些不法分子还在海鲜、竹笋等食品中大量使用甲醛。

……

甲醛是对人体非常有毒的化学物质，人食用含有甲醛的食品后会导致肺水肿、肝肾充血及血管周围水肿；进入人体的甲醛使蛋白质变性，扰乱人体细胞的代谢，可使人致癌；食用含有甲醛的食品还会损伤人的肝肾功能，可能导致肾衰竭，一次食入 10 至 20 毫升会致死；食入含有甲醛的食品会直接产生中毒反应，轻者头晕、咳嗽、呕吐、上腹疼痛，重者会出现昏迷、休克。

五、假冒伪劣产品导致大规模的中毒事件

1998 年江西赣州发生的食用工业猪油中毒事件及山西朔州发生的毒酒事件，均有数百名群众中毒，震惊全国。

1998 年春节前，山西文水县一不法分子用甲醇勾兑散装白酒，批发给外地个体户。从 1 月 26 日开始，短短几天时间，山西朔州、大同等地先后发现数百名群众饮假酒中毒住院，其中近 30 人死亡。这就是震惊全国的山西朔州毒酒事件。

2003 年 3 月 19 日，辽宁海城发生豆奶中毒事件，涉及 2556 名学生。中毒的原因是加工时间不够，使活性豆粉中的胰蛋白酶抑制素等抗营养因子未彻底灭活。中毒症状主要表现为腹痛、恶心、头晕等。

第四节　控制食品污染的措施

由食品污染导致的各种疾病发生率出现上升趋势，甚至出现了一些罕见的和奇特的疾病，残酷的事实已到了令人焦虑的程度。为了控制食品污染，可以采取以下措施：

一、源头上控制食品污染

食品污染产生的一个原因就是环境污染，空气质量下降，水污染，土壤污染，环境中的有毒物质和致癌物质越来越多，这直接导致了合乎标准的安全食品变得越来越少。另外，在食品生产的过程中，各种人为的因素是食品发生污染的另一个原因。因此，要控制食品污染，就要从源头上进行控制。

要控制食品污染，必须要控制环境污染，这在前面的环境污染控制部分进行了介绍。至于食品生产过程中的人为污染因素，则要通过法律和相关行业标准的建立，来对食品安全提出可测量的目标，进而控制住食品污染的问题。

二、程序上控制食品污染

要在程序上控制食品污染，就要从原材料的选择、食品的保存、细菌的杀灭三个方面入手。

1. 原材料的选择

食品的原材料大多带有一定的细菌，不同生产状况下细菌的种类和数量均不尽相同，很多情况下，原材料在采购后可能会存放一段时间，细菌可能会增长繁殖，经过一定的存放时间、存放温度，其最终细菌的数量往往决定于食品的初始菌数，因此在购买原材料时，就应该控制食品的细菌污染。

在无法判断哪些食品清洁状况好的情况下，尽量选择新鲜的原材料，因为新鲜食品存放时间短，细菌繁殖的代数少，无论如何其细菌数量也比不新鲜食物少。

2. 食品的保存

微生物的生长需要一定的条件，当条件不利时，微生物可停止生长甚至死亡，因此通过控制食品的储藏条件可达到延缓细菌增殖的目的。

控制食品的含水量：降低食品的水分含量可使微生物的生长受到抑制，该法适宜于水分含量低的食品如粮食、饼干等，如粮食中的水分含量在13%以下时，可阻止微生物的生长。为控制含水量，购买这类食品后应储存于通风干燥处，塑膜包装食品在开袋后不可存放过久，同时避免一次购买过多。

提高食品的渗透压：提高食品的渗透压可使细菌脱水而受到抑制，提高渗透压可通过盐腌与糖渍的方法。一般食品中食盐含量达到8%—10%可以抑制大部分微生物繁殖，盐腌食品常见的有咸鱼、咸肉、咸蛋、咸菜等。糖渍食品是利用高浓度（60%—65%以上）糖液，作为高渗溶液来抑制微生物繁殖，但此类食品还应该密封和在防湿条件下保存，否则容易吸水，降低防腐作用。常见的糖渍食品有糖炼乳、果脯、蜜饯和果酱等。

降低食品的储存温度：低温环境中大多数微生物的生长受到抑制，而且食品中的酶活性也受到抑制，从而延缓食品的腐败变质。根据储藏的温度可以分为冷藏和冷冻两种方式。冷藏是指在高于食品的冰点温度下储藏的方法，主要用于新鲜水果蔬菜的保藏，对食品的风味及营养成分破坏不大，可最大限度地保持食品的新鲜度。冷冻是将食物中所含大部分水分冻结成冰，即将食品温度降低到低于食品汁液的冻结点，由于缺水和低温，大大限制了食物中微生物的生存，同时杀死部分微生物。

使用抑制微生物的化学物质：某些化学物质能抑制微生物的生长繁殖，在食品中添加这类物质能控制微生物的生长繁殖，主要有添加防腐剂、熏制和酸防腐几种方式。

防腐剂是指能抑制食品中微生物的繁殖、防止食品腐败变质的物质。常用的防腐剂有苯甲酸及其钠盐、山梨酸及其盐类、丙酸及其盐类、对羟基苯甲酸酯类及乳酸链球菌素等。

3. 细菌的灭杀

食品在加工、储藏、运输、销售过程中完全避免微生物的污染几乎是不可能的，食品的原材料中也或多或少地存在着微生物，清除与杀灭微生物的目的在于去除致病菌与腐败菌，以减少微生物造成的人体伤害。

去除微生物的方法有很多种，洗涤是应用最广泛、也最有效的除菌方法。实验证明，用干净的水冲洗苹果，可除去苹果表面95%以上的微生物。有些食品如液体食品不能采用洗涤的方法，可采用过滤的方法去除微生物。

某些食品不适宜采用去除微生物的方法，或除菌效果不理想，食品中仍存在微生物时，可采取微生物杀灭的措施，在食品加工中常利用除菌与杀菌相结合，以达到安全食用的目的。杀灭食品中的微生物的处理方法，主要有热处理和辐射杀菌两种方式。热处理是应用最为广泛的杀灭食品中的微生物的处理方法，热处理使细菌菌体蛋白变性凝固，细菌因细胞内的代谢停止而死亡。由于热杀菌对食品的性状、营养等破坏较大，近年来辐射杀菌的应用越来越多，辐射杀菌是利用放射性同位素发生分子跃变时释放的射线来进行细菌杀灭。

三、加强食品污染监管

除了要对食品卫生加强控制，减小食品污染发生的机会，对食品污染加强监管是有效降低食品污染对人类健康危害的途径。食品发生污染并不可怕，可怕的是人们对食品污染的漠视。对于全社会成员而言，尤其是对于食品管理部门的人员来说，是否拥有食品卫生安全的意识尤为重要。然而现实中，管理人员却存在着食品安全意识严重滞后和管理混乱的情况，特别是由于监管不力，执法不严，致使一些不法商贩在食品的生产、加工、销售过程中违规添加各种有毒有害物质，严重危害着人类的健康。

因此，要注意加强法治监管和打击力度，以保证食品的安全。2009年6月1日，《中华人民共和国食品安全法》正式实施。新法规的一些亮点引人关注，比如设立食品安全委员会、建立食品召回制度、统一食品国家安全标准、取消食品“免检制度”、确立民事赔偿优先原则、权益受损消费者可要求十倍赔偿、民事赔偿优先、“问题食品”代言者承担连带责任、保健食品宣传不得涉及治疗功能、规范食品添加剂使用等。这部法律的出台和实施将为系统有序地解决当前食品安全问题提供法律制度保障，为我国的食品安全监管开启了一个新阶段。

第六章　环境激素污染与人类健康

科学家们发现，生活在污水中的雄性鱼不少变成了雌性鱼或两性鱼；鸟吃了含有杀虫剂的食物产卵会减少，蛋壳变薄，很难孵出小鸟，一些鸟类甚至濒临灭绝。专家们指出，罪魁祸首就是环境激素。

第一节　雄性鱼变性

2006年9月6日，美国《华盛顿邮报》报道，联邦政府雇佣的科学家2003年在调查波托马克河时，首次发现“双性鱼”。科学家当时发现，约42%的雄性鲈鱼性器官中有卵子，而河水污染很可能是“罪魁祸首”。2006年8月，科学家对波托马克河三条支流的调查结果则更令人惊讶。美国地质调查局的鱼类病理学家布莱泽说，调查发现，超过80%的雄性小口黑鲈体内有卵子。在华盛顿地区的调查结果显示，13尾取自河中的雄性黑鲈中，有7尾呈现雌性特征；6尾体内含有用于生产卵子的蛋白质，其中3尾已经产生了卵子。

长约459千米的波托马克河位于美国东部，流经华盛顿，美国国防部所在地五角大楼和华盛顿众多纪念性建筑都建在波托马克河畔。

尽管科学家还没找到哪种化学物质导致黑鲈畸形变异，但他们已有一份长长的“嫌疑名单”，其中包括生活垃圾中的人类雌性激素，随农用肥料流入河水的动物雌性激素，还有杀虫剂与肥皂添加剂。

波托马克河中的“双性”鲈鱼并不是水污染导致的第一例动物变异。过去10年，水中的激素已在不同国家导致鳄鱼、青蛙、北极熊和其他动物发生畸形变异。

1995 年，美国明尼苏达州就出现过畸形青蛙：有的缺腿，有的多腿，有的腿长得位置不对，有的只长了一只眼睛，甚至有的雄性青蛙体内长出卵巢。科学家们当时就警告说，青蛙和人一样属于脊椎动物，如果科学研究最后证明，造成大量青蛙畸形的罪魁祸首是污染，那么人类也将面临同样威胁。

这也是当前人们关注的焦点：出现变异鲈鱼的河流为华盛顿等地提供饮用水，会不会给人类健康带来威胁？对此，华盛顿供水站负责人雅各布斯说：“我不了解，而且我认为没人了解。”

第二节　环境激素对健康的伤害

激素，又称荷尔蒙，是由内分泌细胞合成并直接分泌产生的生物活性物质，它对肌体的代谢、生长、发育和繁殖等起着重要的调节作用。人们对“激素”这个名词并不陌生，然而对“环境激素”可能还不太了解。

一、环境激素的概念

在正常情况下，人和其他脊椎动物能根据自身各个生长阶段的需要合成各种代谢调节物质，即内分泌激素，如脑垂体、肾上腺、甲状腺、卵巢、睾丸等所分泌的。虽然体内激素的含量极少，但正是因为有了它，自然界中的生物才得以进行正常的新陈代谢、生长发育。

然而近些年来，人类不断发现一些存在于生物机体之外的、具有与生物内分泌激素作用类似的、能扰乱生物正常内分泌的化学物质。当这些化学物质进入生物体后，会很容易与它们的“受体”相结合，诱使机体渐渐改变某些生物化学反应，这类物质就称之为环境激素，又称环境荷尔蒙。

在日本，“环境激素”被定义为“导致内分泌障碍的化学物质”，它是影响和扰乱生物体内分泌系统的化学物质的总称。这些物质散布在人类的生活环境之中，被人或动物摄入体内后，不断积累，逐步造成危害。

二、环境激素的种类

环境激素类物质种类繁多，目前已掌握的有可能扰乱生物内分泌的化学物质有70余种，其中有7种最危险的多用来制造人们日常用的涂料、洗涤剂、树脂、可塑剂等。主要包括：

除草剂：2,4,5—三氯联苯氧基乙酸、2,4—二氯联苯氧基乙酸、杀草强、莠去津、甲草胺（草不绿）、除草醚、草克净。

杀菌剂：六氯苯、代森锰锌、代森锰、代森联、代森锌、乙烯菌核利、福美锌、苯菌灵。

杀虫剂：六六六、对硫磷、甲萘威（西维因）、氯丹、羟基氯丹、超九氯、滴滴滴（DDD）、滴滴涕（DDT）、滴滴伊（DDE）、三氯杀螨剂、狄氏剂、硫丹、七氯、环氧七氯、马拉硫磷、甲氧滴涕、毒杀芬、灭多威（万灵）。

防腐剂：五氯酚、三丁基锡、三苯基锡。

塑料增塑剂：邻苯二甲酸双（2-乙基）己酯（DEHP）、邻苯二甲酸苄酯（BBP）、邻苯二甲酸二正丁酯（DBP）、邻苯二甲酸双环己酯（DCHP）、邻苯二甲酸双二乙酯（DEP）、己二酸双-2-乙基己酯、邻苯二甲酸己酯。

洗涤剂：C5-C9烷基苯酚、壬基苯酚、4-辛基苯酚。

化工副产物：二噁英类（Dioxines）、呋喃类（Furans）、苯并（a）芘、八氯苯乙烯、对硝基甲苯、苯乙烯二（或三）聚体。

其他化合物：双酚A、多氯联苯类（PCBs）、多溴联苯类（PBBs）、甲基汞、镉及其络合物、铅及其络合物。

其他还包括激素药物、食品添加剂、化妆品等。

目前，人造化学物质约有10万种，随着经济的发展，每年还会产生大约1000种有害物质。因此人类已经生活在“环境激素的海洋”里了。

三、环境激素污染的途径

环境激素类物质虽然繁杂，但它主要通过三个途径侵害生物和人类，即空气入侵、水源入侵和食物入侵。

1. 空气中的环境激素

焚烧垃圾排到空气中的有毒物质：如二噁英、苯乙烯、多氯联苯等。（现在许多地方处理垃圾的方式仍然采用焚烧的方式，其产生的二次污染还没有被人们认识。）

化工厂生产过程中有毒气体的泄漏和违规排放：如合成树脂加工过程中的增塑剂、苯并（a）芘、苯乙烯等。

汽车排放的尾气：如苯并（a）芘等。

散布在农田、高尔夫球场、森林地带的农药挥发：如各种除草剂、杀虫剂和杀菌剂等。

建筑材料、家具、日用品中污染成分的挥发：如甲醛、各种防腐剂、涂料等。

以上存在于空气中的环境激素通过呼吸侵入人体，也可通过皮肤、黏膜侵入人体。

2. 水源中的环境激素

通过降水：弥漫在空气中的二噁英、苯并（a）芘等环境激素可以通过雨水而降入水中污染水体。其中的环境激素并不能够得到分解，只是被水中漂游的微粒子所吸附，或在水中移动，或沉入水底。这些带着环境激素的微粒子被藻类、微生物、浮游动物、鱼类摄入后便在体内聚集。

工厂排出的污水：造纸、印染、化工、金属加工、半导体生产行业排放的废水中常常含有大量的环境激素，常常对环境激素污染起着不可忽视的作用。垃圾填埋场的渗滤液和医院污水对水体的污染也是环境激素的重要来源。

由于避孕药主要为雌、孕激素制品，未完全吸收的口服避孕药可随粪便排泄物进入下水道及河流中，污染水源。

自来水管中环境激素物质的溶出：自来水管为了防止铁管生锈，会涂上一层环氧树脂作为保护膜。环氧树脂的原料联苯酚 A 是环境激素物质。自来水进入家庭后，采用硬质塑料管，它的成分中含有各种添加剂，而添加剂大多是环境激素物质。

3. 食品中的环境激素

蔬菜、水果、谷物类生产几乎都离不开农药，而许多农药都是环境激素的重要成员。蔬菜、水果、粮食中残留的农药被人摄入。人工养殖的猪、牛、羊、鸡、鸭、鹅、鱼所含的环境激素比自然生长的多得多。为了加快生长，加入了生长激素；为了让奶牛多产奶、不停地产奶，加入了雌激素、孕激素等；为了防止疾病，加入了药物；为了运往外地，加入了保鲜剂。另外，各种饲料，无论杂食还是草食，都避免不了受环境激素的污染。

另外，食品加工过程中，常常出于各种目的添加的化学物质名目繁多，而这些添加剂往往是环境激素类物质。食品包装问题也日益严重，从塑料食品袋到里面涂了防锈树脂的食品罐头，处处存在环境激素。

这些食品中的环境激素，通过食物侵入人体而影响人体的健康。

四、环境激素对生物体的危害

环境激素对生物体和人类的危害逐渐引起了人们的重视，环境激素对生物体和人类的影响，最为突出、最为引人关注的是性机能减弱、性器官异化等方面。不管是水生还是两栖类动物，男人还是女人，都有所发现。

环境激素使得动物世界面临雌性化的危机。英国的一项调查报告说，生活在工厂排污河流的石斑鱼发生了严重的雌化现象。在诺福克郡河观测点，接受调查的雄性石斑鱼60%出现了雌性化的特征，不少石斑鱼的生殖器开始具有排卵功能，并出现了两性鱼。研究人员认为，排入河水中的天然或人工合成的雌激素是导致这一现象的原因。

另外，专家在日本沿海北起北海道、南到鹿儿岛的22个县的93个点对荔枝螺进行了调查，发现87个点的荔枝螺的生殖系统出现异常，研究人员在它们体内发现了有机锡。

在日本、英国的河流中均发现有雌雄同体化的鲤鱼，日本从东京附近多摩川捕捉到的13条鲤鱼中，发现有12条生殖器官畸形。

美国研究人员发现佛罗里达州的鳄鱼雄性生殖器发生异常，阴茎变小，生殖能力低下，孵化率从90%减少到18%；20世纪70年代，美国五大湖周围地区发现雌性水鸟相互性交的奇怪现象。在雌性水鸟共同修筑的巢里，发现了比正常情况（雌雄同居的巢）多出一倍的鸟蛋。研究人员在这些鸟的体内发现 DDT 的浓度明显增高，而 DDT 是一种雌性环境激素。

可见，已经出现了全球范围的“阴盛阳衰”。

雄性何以会退化？近年来的研究显示，雄性个体发育畸形是因为其体内正常的激素水平受到干扰。近几十年来，世界上成千上万家企业在生产激素制剂，并在人类活动中大量使用合成激素和杀虫剂，通过食物链传递到生物体内，这类激素便干扰了生物体的正常生理功能。

五、环境激素对人类健康的影响

环境激素对人体的危害类似于对其他生物体的危害，无论是对男人还是女人，都有发现性机能和性器官病变的例子。环境激素已经名副其实地成了人们身边的隐形杀手。具体地，环境激素对人类健康的影响有以下几个方面：

1. 出现特高、特小人群

由于环境激素可能存在干扰各种激素的分泌，包括生长激素等。现在在我们周围常常可以看到特高的人，两米以上的“巨人症”并不少见。而另一方面，四川、辽宁等地都先后出现了“袖珍女孩”。

2. 肥胖病人增加

现在肥胖越来越成了健康的一大问题，到处可见特胖的孩子和成人。一个吉林的 5 岁女孩体重达 90.5 千克。肥胖者一个共同特征是特别能吃，喜嗜大鱼大肉是他们的共同爱好。大家知道，现在的饲料猪、饲料牛几个月就出栏，这些饲料中常常添加有催肥激素，当人们吃了这些含有激素的肉时，人也自然变得肥胖起来了。

肥胖儿童增多与环境激素污染有关

3. 孩子性早熟

现在孩子性早熟的现象越来越明显，女童月经初潮、胸部发育异常的病例逐年增加，八九岁、十岁初潮的女孩越来越多。出现这种内分泌失调现象的一个重要原因，就与女性在怀孕过程中和儿童成长过程中吃的食物有关。现在猪肉、牛肉、鸡肉、鱼肉，以及蔬菜水果、保健食品中，包括塑料瓶装的矿泉水中，常常含有环境激素。由于许多环境激素具有雌激素的作用，从而导致人类生殖机能发生异常，并日趋雌性化，同时它也促使女性幼童性早熟。

4. 易性症与同性恋增加

有关易性症与同性恋的原因比较复杂，既有生物因素，也有心理、社会文化因素。虽然目前有关易性症与同性恋原因尚不十分清楚，但与环境激素的关系也不是没有可能。个体的性分化的关键时期是在胚胎的4—12周，这种性的分化，既包括外生殖器，也包括大脑。外生殖器的性分化表现为含有XX染色体的胎儿出现正常女性外生殖器的特征，含有XY染色体的胎儿出现正常男性外生殖器的特征。大脑的性分化表现为含有XX染色体的胎儿出现正常女性的脑部变化，包括成年后出现对男性的倾慕与性唤起等；含有XY染色体的胎儿出现正常男性的脑部变化，包括成年后出现对女性的倾慕与性唤起等。如果在性分化的关键时期，母亲遭遇外源性性激素的影响，这里自然也包括具有性激素作用的环境激素的影响，就可能出现两性畸形，或者出现性别认同的障碍而出现易性症或同性恋。

如前面提到的美国五大湖周围地区发现雌性水鸟相互性交的奇怪现象，研究人员在这些鸟的体内发现了雌性环境激素DDT的浓度明显增高。那么人类如今易性症与同性恋的增加是否与环境激素也有关系呢？

5. 性与生殖功能异常

环境激素可能干扰性激素的分泌，或具有性激素样作用而影响性功能和生殖功能。如类似于雌激素的外源化学物质（壬基酚、双酚A、已烯雌酚、17α-乙炔基雌二醇等）和环境中的内源性雌激素（17α-雌二醇、17β-雌二醇、雌三醇、雌酮）等。现在多胎现象和不育不孕的现象越来越普遍。1992年丹麦哥本哈根大学的研究人员发现，丹麦人的精子近50年减少了50%。法国、比利时、印度、日本等国的科学家也有类似研究。我国研究人员发现，1984—1996年，男子每次射精的精子总数降低近1/3，精子密度下降近27%。

纽约罗切斯特大学的研究人员调查了美国5个城市387名孕妇的父母和准爸爸的母亲。在他们的母亲记得曾吃了最多牛肉的男性当中，18%的精子数量在世界卫生组织的分类中属于生育能力较低。研究发现，男性的平均精子浓度随着他们母亲的牛肉摄取量上升而降低。每星期吃牛肉超过7餐的孕妇，其儿子们体内的精子浓度会降低24.3%。

研究人员将研究重点放在找出环境激素是否是造成精子数量减少的元凶。在美国，激素被普遍用来刺激动物生长（在我国目前的情况也同样如此）。为了加速牛只快速长大，牛饲料里添加了激素。牛吃进了这些污染的食物或草料后，在体内产生了化学物质。当食用了这些牛肉的孕妇其胎儿在子宫内时，即使是微小数量的雌性激素也可以影响精子的数量。因此，牛饲料里的杀虫剂、激素或污染物可能是罪魁祸首。

6. 乳腺癌与生殖肿瘤增加

据美国环境保护组织报告，20世纪60年代，妇女一生中患乳腺癌的比例为1/60，而至20世纪末则上升为1/8。近年来，我国女性乳腺癌的发病率在一些大城市已上升为女性肿瘤的第一位。诱发乳腺癌的一个重要原因是促进乳腺癌细胞异常繁殖的雌激素。环境雌激素的增加不仅导致乳腺癌发病率增加，也是导致子宫内膜癌、卵巢癌发病的原因之一。

第三节　环境激素造成的危害案例

一、加勒比两岛男性遇“癌灾”

2007年9月19日，英国《泰晤士报》报道，一份9月19日提交法国议会的报告显示，法属加勒比海岛瓜德罗普岛和马提尼克岛正面临严重的健康灾难，1/2的男性都有患上前列腺癌的可能，而这一切可能都是岛上长时间使用一种污染性极强的化学杀虫剂造成的。

杀虫剂究竟对人体健康有多大的危害？关于这个问题医学界始终未有定论，所有的答案都与“可能”联系在一起。但即便是“可能”，有些结论也令人触目惊心。

报告中提到是一种合成氯化有机化合物——十氯酮，它曾被广泛用于香蕉种植业，用来杀灭香蕉球茎象鼻虫的幼蝇。不过由于十氯酮在水生环境和土壤中都不易水解或生物降解，因此被认为是一种对环境有严重污染的物质。1993 年，盛产香蕉的马提尼克和瓜德罗普岛开始禁用十氯酮，但实际上普遍违禁使用的情况持续到了 2002 年。

撰写报告的巴黎癌症专家贝尔波姆教授在接受《巴黎人报》采访时表示：“我们开展的测试表明，法属加勒比海岛正处于一场健康灾难中，这并非危言耸听。马提尼克和瓜德罗普岛实际上已经中毒了……十氯酮能在土壤中保留 100 年，其结果是导致食物链、特别是水源遭到污染。”

在长期与这样的水土接触后，十氯酮很容易被吸入体内，并在体内蓄积。目前两个小岛在前列腺癌方面的发病率在世界位居第二，相当于每两个男人中就有一个可能患病。贝尔波姆教授说：“这是与大规模使用杀虫剂有关的极其严重的危机，并且其影响将持续几十年，后果比 20 世纪 80 年代 4000 名法国人因血液污染而感染艾滋病病毒的事件还要严重。”

贝尔波姆教授认为，除了可能导致癌症，十氯酮和其他杀虫剂的大规模使用也是岛上居民基因变异率高、生育率低的潜在原因。

二、鸟蛋蛋壳变薄引出孵化危机

2007 年 8 月 17 日，龙虎网报道了一则鸟蛋在 10 年内发生蛋壳变薄的新闻。报道指出，10 年以来，鸟蛋由落地不碎变为特别易碎，这是因为鸟蛋的蛋壳变薄的缘故。引起鸟蛋蛋壳变薄的主要原因就是农药的过分使用，报道还指出酸雨也可能是造成鸟蛋蛋壳变薄的原因。报道原文如下：

“现在鸟类孵卵难度越来越大，而蛋壳逐渐变薄是其重要原因，只要是落地的鸟蛋会全部破碎。”昨天，有观鸟爱好者告诉记者，他们发现目前野外的鸟类产出的鸟蛋，其外壳正发生细微的变化。

与此同时，南京环保人士吴琦也在关注这一现象。

变化：10 年前鸟蛋落地不碎

江北老山地区鸟类品种繁多，一直是观鸟和研究鸟类专家的“根据地”之一。但是，有观鸟爱好者发现，无论是林鸟还是水鸟，它们产出的蛋，外壳正变得越来越薄。

“举个例子，很多林鸟有很强的环境适应能力，10 年前，我们在林子里观察白鹭等鸟类的生活习性时，一些鸟产出的蛋即使是从鸟窝里掉出来，落在林子里的土壤上也不会轻易破碎。”他说，“可是现在去考察时，只要是落地的鸟蛋就会全部破碎，常常都能看到蛋黄散了一地，或者成为别的动物的‘盘中餐’。”这位观鸟人士告诉记者，现在的鸟蛋毫无坚硬度可言，不知道是什么环境因素导致了蛋壳变得越来越薄。

环保人士吴琦也留意到了这一问题。“去年，我自己家院子里有一窝白头鹎孵窝，因为当时受到人为干扰，成鸟放弃了一窝重新孵了一窝，为了便于研究，孵化后的蛋壳我一直保留着，的确现在鸟蛋变得很薄。”吴老说，虽然具体数字需要研究才能“发言”，但肉眼的观察也显而易见。

研究：农药是蛋变薄的祸首?

由于我国对鸟类的研究起步时间很晚，因此目前主要是停留在识别鸟类的基础上，而国外的专家已经开始“专攻”鸟类的生态学研究。

据介绍，英国皇家鸟类保护协会就对画眉、歌鸫、槲鸫和环颈鸫四种鸣禽进行过研究。他们发现英国部分鸟类所产蛋的蛋壳近 150 年来逐渐变薄。经过分析后认为，酸雨可能是导致这一现象的罪魁祸首。据悉，这种研究需要将目前的蛋壳同博物馆中保存的同类标本进行对照，而蛋壳出现了持续变薄的势头也有具体数字，变薄幅度最小为 2%，最大达到 11%。

另外，吴老也告诉记者，他留意过一份科研报告，就是美国科学家也对本国的国鸟白头海雕做过蛋壳方面的调查，科学家发现有毒农药（DDT 杀虫剂）的使用，不仅导致其数量下降，并且让鸟蛋发生变异，其中蛋壳的变薄就是现象之一。“后来，美国就采取了生态措施进行农药的控制，随着生态改善，白头海雕的数量也在随之上升。”他说。

危机：蛋壳变薄鸟蛋易破裂

“蛋壳危机”会对鸟蛋的孵化带来哪些影响呢？吴琦告诉记者，如果蛋壳持续变薄，那么在孵化过程中很容易造成破裂，导致幼鸟的出生率降低。

他向记者介绍，一般在孵化幼鸟的时候，成鸟不是仅仅对鸟蛋动也不动地照顾就行的，它们必须在孵化过程中时不时将其翻弄，调整方向和对应面，而成鸟嘴很锋利，如果蛋壳很薄，那么翻弄过程中就会导致其破裂；另外一方面，鸟巢不是很舒坦的“柔软床”，它是由很多树枝构造而成，其中也有不少坚硬的树枝，当这些树枝比蛋壳还坚硬时，那么危险就会随时存在。

疑问：酸雨影响鸟类食物链？

除农药外，有专家根据最新的调查分析认为，目前酸雨也是造成鸟蛋壳变薄的原因之一。据悉，酸雨会使植物所必需的钙、镁等体内成分都被酸水从叶子中和茎中夺取，同时也影响土壤营养。

而记者了解到，专家于2005年9月—2006年8月在南京市江北地区南京信息工程大学校园内采集降水样品共59个，测定酸碱浓度。结果表明，当地降雨的pH值为4.17—8.34，频率达到了49.2%。

吴老告诉记者，很多鸟类都是杂食性的，它们不仅食虫，而且还吃草籽和树枝，比如南京常见的乌鸫等鸟类。而酸雨会使植物落叶中的钙含量减少，而植物落叶会被一些虫类食用，这些虫子最后又成为鸟类的食物。经过这一食物链之后，鸟类体内的钙含量不断下降，从而导致了蛋壳的变薄。他同时认为，这个鸟类新的生态研究课题，必须得到重视。

第四节　远离环境激素污染

环境激素广泛存在于日常生活中，从滴滴涕（DDT）到用于制造塑料容器的化工原料、含苯乙烯的聚苯乙烯快餐盒、金属罐头内的金属防腐膜、合成洗涤剂、化妆品、农药及其降解产物、垃圾焚烧产生的污染物等，几乎无处不在。

基于对环境激素危害的认识，很多国家重新审定和制订了更为严格的环境标准和卫生标准。垃圾焚烧最多的日本，1997 年颁发了控制二噁英的新指南，对二噁英排放超标的垃圾焚烧厂进行了强制改造。因为在目前已经认识的环境激素中，毒性最大的便是二噁英。

环境激素是人们在生产活动中产生的，防治环境激素污染的根本对策是不向环境中释放化学物质，杜绝环境激素产生的源头。不焚烧垃圾；严格控制农药的使用；同时应尽快立法，严厉打击种养殖业与饲料工业中滥用激素、抗生素等生产单位和个人，以保证人类的食物安全。

一、要有防范环境激素的意识

环境激素的威胁是人类为追求生活上的方便快速，滥用化学物质所造成的后果。解铃还须系铃人。只有从根本的个人消费习惯改变做起，才能够减少其危害，而“简朴生活”就是唯一解答。

不要贪图一时的方便，大量使用塑胶袋。购物应该自备可重复使用的袋子；经常外食者最好自备环保杯、不锈钢餐具或可耐热的保鲜盒；至少也要准备一双环保筷以减少免洗筷的使用。尽量少用杀虫剂、强力去污清洁剂和化学用品，可以选用由天然物质制造的清洁用品。不要购买自己不需要的东西以及过度包装的商品；减少浪费就是减少垃圾污染。消费者有权利要求厂商诚实标示产品内容物，并抵制在制造过程中产生大量污染的商品。

不用泡沫塑料容器泡方便食品；不用聚氯乙烯包装材料在微波炉中加热食品；不要购买塑料婴幼儿用品；慎用含有激素的药物；要少食用近海鱼，因为小鱼和微生物摄取了海中的化学物质，然后又被大鱼吃掉，这种食物链的作用，在金枪鱼和青花鱼等大型鱼类体内浓缩的化学物质非常多，日本人通过食物摄取的这类化学物质总量中约 60% 来自鱼类；要多食用谷物和黄绿叶蔬菜，日本的一项调查结果显示，容易使环境激素从体内排出的食物有糙米、荞麦、菠菜、萝卜、小米、黄米和圆白菜等。

日本开展了一些消除环境激素影响方面的研究，通过实验发现，有些水生植物能吸收被称为“环境激素”的有害化学物质和净化水质。我国目前对环境污染和有毒化学品的危害还缺乏全面的调查和评价，也没有对环境激素形成有组织的系统研究，在如何采取措施有效控制其危害上，更是有待加强。

二、尽量避免吃进环境激素

消费习惯对环境激素的摄入量影响颇大。举个例子：台湾一项研究结果显示，台湾怀孕妇女尿液中的环境激素——邻苯二甲酸酯，是美国孕妇的近20倍；而孕妇体内的环境激素干扰，可能导致早产及产下过动症、自闭症的儿童。因此，正确的饮食与生活习惯十分重要。

饮食上要注意均衡饮食，不偏爱或排斥吃特定食物，不吃过饱；减少吃含有防腐剂、甘味剂、增色剂的食品；购买符合时令的、能去皮的、农药残留量较少的蔬果或确定品质的有机蔬果；减少食用动物油脂（如肉类、海鲜）的频率，特别是动物内脏、鱼肚鱼肠等；选购包装上标示清楚的食品；尽量少用塑胶容器盛装食物以及微波加热。

碗盘的清洗也很重要。洗洁精经常含有环境激素壬基酚，为避免将残留在碗盘上的清洁剂吃下肚，最好把油腻及非油腻（如喝水、茶、果汁的杯子）的杯盘碗碟分开，分别用温水加少量清洁剂浸泡20分钟后再清洗，可节省清洁剂用量。不锈钢、玻璃材质的餐具表面孔隙较小，清洁剂不易残留，最容易被洗干净；至于陶瓷、塑胶、树脂等，因表面孔隙大，最好多冲几次；如砂锅、大汤碗等，洗过后最好泡一下温水。当然，最安全的办法还是使用传统肥皂或提炼自天然油脂的清洁剂。

三、把激素从身体中排出去

除了要注意远离或不使用“环境激素”较高的食品，如含生长激素的禽蛋类，含孕激素的乳制品等，人们还可以通过多参加体育锻炼，来有效调节人体内的激素水平。实验证明，参加有氧健身运动中的人，体内的生化反应机制可使部分激素在肌肉运动中分解或随汗排出体外。可见，注意加强锻炼也是降低环境激素污染对人类健康危害的一条途径。

第七章　生产环境与人类健康

生产劳动是人类获得生活资源的必要条件之一，良好的生产环境和劳动条件不仅对劳动者的健康有利，也是促进生产顺利发展的有利因素。但在不良的劳动条件下，则可使生产劳动者的健康受到损害，甚至造成伤亡事故。

第一节　山西洪洞“12·5”事故

2007年12月5日，山西洪洞发生特别重大瓦斯爆炸事故。该矿9号煤层瓦斯积聚达到爆炸浓度界限，因放炮产生火焰引爆，煤尘参与爆炸，造成105人死亡，7人重伤，1人轻伤，直接经济损失4000余万元。这起事故是2006年以来全国发生一次死亡人数最多的特大事故，伤亡惨重，损失巨大，社会影响恶劣，引起全社会广泛关注。这起矿难事故存在着五大严重违法违规问题。

一是超层越界、非法盗采。该矿被批准开采2号煤层，但却在矿井设计时把煤仓布置到9号煤层，将主斜井打到9号煤层。9号煤层从2005年开始掘进，2006年2月开始生产，并通过井下打临时密闭制造假象，图纸和资料弄虚作假，恶意逃避安全监管监察。据查，事故发生时，9号煤层共有10个包工队在10个掘进头出煤，而且初步查明在9号煤层违规使用非防爆机动三轮车多达54辆。初步分析，瓦斯爆炸发生在非法盗采的9号煤层，9号煤层巷道上部有煤尘参与爆炸形成的过火结焦现象。

二是违规作业，以掘代采。该矿2号煤层为低瓦斯煤层。非法盗采的9号煤层未进行瓦斯等级鉴定及自燃倾向性鉴定；没有正规采煤工作面，完全是以掘代采；没有形成独立的通风系统，属无风微风作业；没有安装瓦斯监测监控系统；井下矿工大多数没有配备自救器。

三是管理混乱，严重超员。该矿核定生产能力为每年21万吨，按照山西省煤炭管理部门的规定，井下作业人员每班不得超过61人，但全矿井下工人多达447人，该矿发生事故时，井下作业人员多达128人，严重超定员生产。同时，该矿层层转包，以包代管，将井下生产承包给来自河北、重庆以及当地的4个包工队，而后又层层分包。事故发生后，在核查矿井人数时竟没有找到一份全矿的职工花名册。

四是盲目施救，蓄意迟报。事故发生后，该矿不仅不按照规定及时报告事故，而且盲目组织37人在没有任何防护措施的情况下下井冒险抢救，致使其中15人遇难。在长达5个小时内不向地方政府报告，不仅贻误了抢救时机，而且由于错误决策、违章指挥，造成次生事故，扩大了事故死亡人数，造成严重的后果。

五是打击非法不力，疏于监督管理。初步查明，该矿在改扩建时就违规将主斜井延伸到9号煤层，并长期在9号煤层非法盗采国家资源，该矿的非法违法行为始终没有得到查处。事故发生前11月下旬，县里、市里和市煤炭监察执法队曾先后三次对该矿井下进行检查，没有发现存在的重大隐患，使其蒙混过关，最后酿成大祸。它反映出有关部门在资源管理、安全监管监察上存在明显漏洞。

第二节 职业病与职业性事故

不良的生产环境对人体健康的危害是多方面的，包括导致职业病、伤亡事故、职业中毒、职业中暑等。

一、职业病

职业病是指职业性有害因素作用于人体的强度与时间超过一定限度时，人体不能代偿其所造成的功能性或器质性病理改变，从而出现相应的临床征象，并影响劳动能力，这类疾病通称为职业病。

1. 职业性有害因素

职业性有害因素是指对从事职业活动的劳动者可能导致职业病的各种危害。职业性有害因素包括：职业活动中存在的各种有害的物理、生物、化学因素以及在作业过程中产生的其他职业有害因素。

对劳动者的健康和劳动能力产生有害作用的物理性因素很多，可概括为以下几类：

异常的气温条件：如炼钢、锅炉车间，由于生产过程中释放出大量热量和水蒸气，形成高温、高湿环境。

异常的气压：如潜海、高山作业环境所致的高低气压。在高气压环境下工作一定时间后，在转向正常气压时，如不遵守减压规程，减压过快或减压幅度过大，可使溶解在人体组织和血液中的空气形成气泡而阻塞血管和压迫组织，引起减压病。高空飞行、高原作业时，机体不能适应低气压和低氧环境，可发生航空病及高山病。

震动和噪声：长期在噪声环境下作业，可引起职业性耳聋；从事振动作业可引起振动病。

电离辐射和非电离辐射：辐射线可引起电光性眼炎、职业性白内障和放射线病。

有些生产过程接触某些传染病病原体的机会较多，如处理动物尸体或皮毛时，可能接触到炭疽杆菌、布氏杆菌，在一定条件下对工人引起职业性危害。这也就是职业病产生的生物性因素。

化学性因素是当前工业生产中最常遇到的有害因素，我们见到的职业病例，大多数是由化学性有害因素引起的。化学性因素可分为生产性毒物和生产性粉尘。生产性毒物如金属、非金属、有机溶剂、刺激性气体、窒息性气体、农药等；生产性粉尘包括无机粉尘、有机粉尘和混合性粉尘。

劳动过程中的有害因素：如劳动组织和劳动制度不合理，劳动强度过大或生产定额不当，长时间处于某种不良体位或使用不合理工具，导致个别器官和系统过度疲劳或紧张。

生产环境中的有害因素：厂房建筑或布置不合理，甚至与工艺流程相悖；厂房面积不足、机器安放过密、生产环境中缺乏必要的防尘、防毒、防暑降温等设备，造成生产过程中有害因素对生产环境污染。

职业性有害因素是多种多样的，在实际生产场所中，常同时存在多种职业危害因素，如铸造业工人同时接触高温、噪声、振动、一氧化碳、金属烟尘和矽尘等，这些因素对人体健康产生联合作用。

2. 职业病的范畴

从广义来说，凡是职业性有害因素所引起的特定疾病都可称为职业病。而在立法上，职业病却是法律规定的特定疾病。按照职业病防治法规定，职业病是指企业、事业单位和个体经济组织的劳动者在职业活动中，因接触粉尘、放射性物质和其他有毒、有害物质等因素而引起的疾病。

根据卫生部会同劳动和社会保障部最近发布的《职业病目录》，我国法定职业病由原来的99种增加到115种，包括尘肺、职业性放射性疾病、职业中毒、物理因素所致职业病、生物因素所致职业病、职业性皮肤病、职业性眼病、职业性耳鼻喉口腔疾病、职业性肿瘤和其他职业病等。新增补的职业病分别是：钡及其化合物中毒、铀中毒、偏二甲基肼中毒、一甲胺中毒、二甲基甲酰胺中毒；外照射亚急性放射病、放射性肿瘤、放射性骨损伤、放射性性腺疾病、放射性甲状腺疾病、放射性复合伤和可以诊断的其他尘肺病等。

3. 职业病的特点

职业病主要有四个特点：

第一，病因明确。职业病的病因就是职业性有害因素，如果职业性有害因素得到消除或控制，就可防止或减少职业病发生。

第二，病因可检测。职业病的病因大多数是化学因素或物理因素，而这些因素都是可以通过科学的检测方法检测出来的。

第三，发病呈群体性。接触同样职业性有害因素的人群中，常常有一定人数发病，很少只出现个别病人。

第四，需要尽早治疗。职业病越是早发现，越容易治疗和恢复；越是晚发现，疗效越差。而且不少职业病目前还没有特效治疗方法。

4. 职业病的发生条件

职业人群接触职业性有害因素，不一定就会引起职业病，其发生必须具备一定的作用条件：

接触机会。接触机会越多，患职业病的可能性越大。如油漆工，长期接触并使用含苯的油漆，容易引起苯中毒。

接触方式。某种特定的职业性有害因素必须经过特定的接触途径进入人体才能引起职业损害。如粉尘经呼吸道进入人体，引起尘肺病；苯的氨基硝基化合物经皮肤进入人体，引起中毒。

接触时间。即每天和一生中累积接触的总时间。接触的时间越长，患职业病的几率越大。

接触的强度（浓度）。即每次或总接触的强度（浓度）。职业性有害因素接触的强度与职业病的发病呈剂量—反应关系。

二、职业中毒

生产性毒物是指在生产过程中使用或产生的可能对人体产生有害影响的化学物质。职业中毒是指劳动者在从事生产劳动的过程中，由于接触生产性毒物引起的中毒。

生产性毒物可以固体、液体、气体或气溶胶的形态存在，就其对人体的危害来说，则以气体或气溶胶对生产环境的空气污染具有特别重要的意义。以固体、液体两种形态存在的毒物，只要不挥发，又不经皮肤吸收，则相对危害较小。

生产性毒物可存在于生产过程中的各个环节，如原料、中间产品、辅助材料、成品、副产品、夹杂物或废弃物等。在生产劳动过程中，可能接触到毒物的操作或生产环节主要有：原料的开采与提炼；材料的搬运、储藏、加工；加料与出料；成品处理与包装；采取样品和检修设备等辅助操作；生产中使用，如农业生产中喷洒杀虫剂。

生产性毒物进入人体的途径主要是经呼吸道、皮肤进入人体，亦可经消化道进入人体。

呈气体、蒸汽、气溶胶状态的毒物可经呼吸道进入体内。进入呼吸道的毒物，通过肺泡直接进入大循环，毒性作用发生快。大部分职业中毒系毒物由此途径进入体内而引起的。

在生产劳动过程中，毒物经皮肤吸收而致中毒者也较常见。某些毒物可透过完整皮肤而进入体内。如有机磷、芳香族的氨基、硝基等脂溶性化合物，同时又具有一定的水溶性，可通过表皮屏障吸收。经皮肤吸收途径有两种，一是通过表皮屏障到达真皮，进入血液循环；另一种通过汗腺，或通过毛囊与皮脂腺，绕过表皮屏障而到达真皮。毒物经皮肤吸收后也不经肝脏而直接进入大循环。除毒物本身的化学性质外，影响经皮肤吸收的因素还有：毒物的浓度和黏稠度，接触皮肤的部位、面积，溶剂种类及外界气温、气湿等。

生产性毒物经消化道进入体内而致职业中毒的机会较少。个人卫生习惯不好和发生意外时（如进食被毒物污染的食物或水源及误服毒物等）可经消化道进入体内，主要是固体、粉末状毒物。

临床上将职业中毒分为急性、亚急性和慢性职业中毒。毒物一次或短时间内大量进入人体后可引起急性中毒。小量毒物长期进入人体所引起的中毒称为慢性中毒。介于两者之间，在较短期间内有较大剂量毒物反复进入人体而引起的中毒，称为亚急性中毒。由于毒作用特点不同，有些毒物在生产条件下一般只引起慢性职业中毒，而另一些毒物常可引起急性中毒。

慢性职业中毒早期常见神经衰弱综合征，脱离毒物接触后可逐渐恢复。砷、铅等毒物可损伤运动神经和感觉神经，引起周围神经病。锰及一氧化碳中毒损伤锥体外系，常表现为震颤的症状。重症职业中毒可发生中毒性脑病及脑水肿。

一次大量吸入某些气体可突然引起窒息。吸入刺激性气体除可引起呼吸道炎症外，还可引起严重的呼吸道病变、化学性肺水肿和化学性肺炎。长期接触某些刺激性气体可引起肺纤维化、肺气肿，导致气体交换障碍、呼吸功能衰竭。某些生产性毒物还可引起哮喘发作。

许多生产性毒物能对血液系统造成损害，常表现为贫血、出血、溶血、高铁血红蛋白血症等。例如，铅可抑制卟啉代谢通路中的巯基酶而影响血红素的合成，临床上常表现为低血色素性贫血。苯可抑制骨髓造血功能，可引起再生障碍性贫血甚至导致白血病。砷化氢可引起急性溶血。一氧化碳可引起碳氧血红蛋白血症，导致组织缺氧。

由于毒物作用特点不同，毒物所致消化系统症状呈多种多样。可表现为急性胃肠炎、腹绞痛、急性或慢性肝病。一些毒物可引起齿龈炎、齿龈色素沉着、牙酸蚀症、氟斑牙等。

汞、镉、铀、铅、四氯化碳、砷化氢等可引起肾损害，常见的临床类型有：急性肾衰竭、肾小管综合征、肾病综合征等。

生产性毒物还可引起皮肤、眼睛损害，骨骼病变等。

三、职业中暑

中暑是高温环境下机体产热超过散热，引起体内蓄热，体温不断增高，机体热平衡机能紊乱的一种急症。环境温度过高，劳动强度过大，劳动时间过长是中暑的主要致病因素。如过度疲劳、睡眠不足、体弱、对热未适应等都易发生中暑。

一般来讲，在高气温、高气温合并高气湿、强热辐射的不良气象条件下进行的生产劳动，通称为高温作业。高温作业按气象条件的特点可分为三种类型：

高温、强热辐射作业：指气温高、热辐射强度大，而相对湿度较低，形成干热环境的作业。如冶炼、铸造、玻璃制造等作业。

高温、高湿作业：指气温、气湿高（相对湿度80%以上称为高气湿，低于30%称为低气湿），而辐射强度不大的作业。主要是由于生产过程中产生大量水蒸气或生产上要求车间内保持较高的相对湿度所致。如印染、造纸工业的液体加热和蒸煮作业。

建筑工人的安全需要引起关注

夏季露天作业：夏季建筑、搬运、农田劳动等露天作业中，除受太阳的辐射作用外，还受被加热的地面和周围物体放出的辐射热。露天作业中的热辐射强度虽较高温车间低，但其作用的持续时间较长，加之中午前后气温升高，又形成高温、热辐射的作业环境。

人在热环境下工作一段时间后产生对热负荷的适应能力，称为热适应。人体热适应后，体温调节能力提高，由于出汗增多，蒸发散热增强，皮温下降，出汗机能的改善是热适应的重要表现。热适应者对热的耐受能力增强，这不仅可提高高温作业的劳动效率，也有效地防止中暑的发生。但人体热适应是有一定限度的，如超出适应限度，则可引起机体正常生理功能紊乱，出现医学称为“中暑”的疾病。

中暑按其发病机理可分为热射病、日射病、热痉挛和热衰弱。

热射病：是中暑中最严重的一种，一般认为主要是由于机体产热与获热超过散热，致使体内蓄热所致。初感头痛、头晕、口渴，然后体温迅速升高、心跳加快，严重病例可出现昏迷。

日射病：在烈日下活动或停留时间过长，由于日光直接曝晒无防护的头部，致使颅内受热，温度升高而引起的一种急性神经系统功能障碍。症状同热射病。

热痉挛：因为体内水和电解质平衡失调所致。由于在高温环境中，身体大量出汗，丢失大量氯化钠，使血钠过低，引起腿部，甚至四肢及全身肌肉痉挛。

热衰竭：也称为热晕厥或热虚脱。一般认为是由于热引起机体血管舒缩调节发生障碍，使外周血管扩张和大量失水造成循环血量减少，引起大脑供血不足所致。患者出现昏厥，血压下降，面色苍白，皮肤冷湿等。

上述分类是相对的，在临床上常难以区分。在临床医学实践中，常将中暑分为以下三种类型：

先兆中暑：指在高温作业场所工作一段时间以后，出现大量出汗、口渴、全身疲乏、头晕、胸闷、心悸、注意力不集中、动作不协调等症状，体温正常或略升高。如能及时离开高温环境，经休息后短时间内即可恢复正常。

轻症中暑：除先兆中暑症状外，体温升高到38.5℃以上，可伴有面色潮红、胸闷、皮肤干热等征象，或出现早期呼吸循环衰竭症状，如面色苍白、恶心、呕吐、大量出汗、皮肤冷湿、血压下降、脉搏细快等。如及时离开高温环境，适当休息，解松衣服，给予含盐清凉饮料，服用解暑药物等，在数小时内可以恢复。

重症中暑：除上述症状外，还出现昏倒或痉挛，或皮肤干燥无汗，体温在40℃以上。重症中暑应送院紧急处理。

四、职业性伤害事故

生产过程中由于工艺流程不合理、安全措施不到位、连续工作时间过长导致疲倦、注意力不集中、机器事故等均可导致工伤，甚至残疾、死亡等严重事故。如煤矿的瓦斯爆炸、井道垮塌、透水等事故造成的伤亡时有发生。除了前面提到的山西洪洞“12·5”特大瓦斯爆炸事故外，还有：

2004年10月20日，河南省郑州煤业集团公司大平煤矿发生一起特别重大瓦斯爆炸事故，造成148人死亡，32人受伤。

2004年11月28日，陕西省铜川矿务局发生特大瓦斯爆炸事故，166人遇难。

2005年2月14日，辽宁孙家湾煤矿海州立井“2·14”特大瓦斯爆炸事故，214名矿工遇难。

2005年11月27日21时22分，龙煤矿业集团有限责任公司七台河分公司东风煤矿发生一起特别重大煤尘爆炸事故，死亡171人，伤48人，直接经济损失4293.1万元。

……

根据国家安监总局的披露，2008年全年，我国发生重大事故86起，死亡和失踪1315人，同比增加8起、148人。其中：工矿商贸事故发生42起，其中煤矿事故发生31起，死亡和失踪503人。特别重大事故全国发生10起，死亡662人。其中：煤矿事故发生5起，死亡174人；金属与非金属矿事故发生2起，死亡321人；火灾事故发生1起，死亡44人；道路交通事故发生1起，死亡51人；铁路交通事故发生1起，死亡72人。

第三节　不该发生的职业病

一、“铟”中毒引发职业病

28岁的小伙子小吴在一家知名的电子制造企业打工，他负责喷涂一种金属材料，每天在车间工作十几个小时。小吴说，有的工友干了两三个月就感到“不舒服”辞工了，而他也是频频咳嗽。但是小吴以为自己只是患上了感冒，仗着年轻身体好，硬是“撑”了一年半。之后，小吴出现了严重的咳嗽、气喘，并伴有持续性的发烧。随即在当地住院进行治疗。

后来，小吴被转到了南京市鼓楼医院。CT检查发现，小吴的肺部全是白色的粉尘颗粒。而医生取小吴肺部组织活检寻找病因，发现在患者的肺泡里有像牛奶一样的乳白色液体。医生将从患者肺部找到的白色粉尘颗粒送到南京大学的实验室进行分析检测，检测报告显示，主要成分除了氧化硅和氧化铝外，还有一种重金属元素引起了专家们的注意，那就是“铟”。“铟”是一种稀有金属，是制作液晶显示器和发光二极管的原料，这种元素因为稀少，比黄金还贵，但毒性却比铅还强。

二、灯泡厂工人职业中暑导致死亡

某灯泡厂工人邹某，男，19岁，于2003年3月到该厂打工，一直在吹壳车间当工人。7月24日，邹某上白班（8：00—20：00），工作直到20时，交班后回到住宿地，约21：00—22：00突发昏迷，神志不清，被工友发现，于22：24送到三峡大学仁和医院急诊室就诊，收治入院，临床诊断为“中暑、热射病”。8月13日，宜昌市卫生防疫站门诊部职业病诊断组作出邹某属“职业性重症中暑”的诊断结论。8月17日邹某因“呼吸衰竭、循环衰竭”死亡。

该灯泡厂属民营企业，有工人200余人，有吹壳车间、封排车间、机扣丝车间和质检包装仓库等，产品为小灯泡，主要对国外出口。经7月29日下午现场监测和调查，该车间存在高温、噪声等职业病危害，未进行职业病危害项目申报；接触高温、噪声作业人员未进行上岗前和在岗期间职业性健康检查。

三、少女亮丽人生因中毒而晦暗

2002年4月27日，《南方日报》上刊载了一篇职业中毒的报道：

在省（广东省）职防院，笔者遇到一群女孩，她们来自同一家工厂，同一个车间，同一条生产线，对未来都曾有同样美好的设想。但她们的人生因职业中毒而改写。

见到黎英（化名）时，她正在病房的阳台上艰难地晾衣服，她的手指到现在还不能完全伸展开来。黎英说，刚进院时，她躺在床上翻身得人帮忙，吃饭得人喂，手根本抓不住筷子。

对自己无端端患上“怪病”，黎英很无奈，她说到这里治病已经一年多了，还有4位工友住在隔壁病房，她们和自己一样都是正乙烷中毒。

这群女孩在工厂干的活是给鞋面涂胶水。她们纷纷说，前年在工厂做了两三个月后，手脚就变得没劲，连走路的力气都没有，最后卧床不起。当时根本不知道是中毒了，还以为是风湿引起手脚麻痹。

黎英当年春节自动离厂，回家养病。后来幸亏另外几个工友检查出是职业中毒，才通知她回来检查。她们几个人的医疗费已接近40万元，费用由鞋厂负担。

包括黎英在内的5个打工妹，年龄最大的不过28岁，最小的才18岁。她们说，现在双手还是有些麻，路走多了，脚仍不听使唤。当被问及出院后是否继续打工？她们都茫然地摇头。

第四节　职业病与职业性事故预防

针对不同生产环境产生的不同类型的职业病和职业事故，应该根据其具体情况分别采取相应的措施。只有拥有一个安全的生产环境，我们的生产才能够有序进行，人们在生产过程中的健康也能够有保证。

一、职业病控制

职业病的发生取决于三个因素：即人（接触者）、职业有害因素的存在，以及职业有害因素作用条件。这三者的因果关系，决定了职业性病损的可预防性，而且只有采取预防的手段，才能防止职业病的发生。

1. 控制人的因素

个人要加强防护，正确选择和使用个体防护用品，应该根据危害接触情况选择使用防尘防毒用的口罩、面罩等呼吸防护器，防紫外线的面盾，防酸、碱、高温的防护服，防振动的手套，防滑的鞋等。

个人要注意增强机体对职业性危害因素的抵抗能力，要改变不良嗜好，加强体育锻炼，并且要常吃保健膳食。应根据接触有害因素作用性质和特点，适当补充某些特殊需要的营养成分。

要限制个人对职业性危害因素的接触时间。根据毒物损害作用，应对接触者给予特殊营养。例如损害肝脏为主时，应给以保肝食物，如优质蛋白质，易吸收的碳水化合物和多种维生素。

对个人进行健康教育，使其正确认识职业有害因素，提高自我保健意识，自觉参与预防，并做好个人卫生和培养良好的卫生习惯。

2. 控制生产环境的因素

从卫生和安全角度考虑生产工艺过程和设备，正确选择厂址，合理安排车间布局等。采用适当的生产工艺，包括加料、出料包装等方法，以减少空气污染，贮存中注意温、湿度。用低毒物质代替高毒物质。

对粉尘、有毒蒸气或气体的操作在密闭情况下进行，辅以局部吸风。有热毒气发生时，可采用局部排气罩。加强设备维修，保持车间整洁。安全贮运，有毒产品粘贴毒品标签及处理说明。

3. 控制职业有害因素的作用条件

职业有害因素的作用条件是能否引起职业病的决定性前提之一，其中最主要的是接触机会和作用强度（剂量），决定接触机会的主要因素是接触时间。

因此，在保护职业人群健康时，还应考虑作用条件，通过改善环境措施，严格执行卫生标准来达到控制职业有害因素。

二、职业中毒的预防

1. 根除毒物：从生产工艺流程中消除有毒物质，用无毒或低毒物质代替有毒物质。

2. 降低毒物浓度：通过革新技术，改造工艺，通风排毒，合理布局等，降低空气中毒物浓度使之达到乃至低于最高容许浓度，是预防职业中毒的中心环节。

3. 个体防护：搞好个体防护与个人卫生，对于预防职业中毒虽不是根本性措施，但在许多情况下起着重要作用。

4. 增强体质：合理实施有毒作业保健待遇制度，因地制宜地开展体育活动，注意安排夜班工人的休息睡眠，做好季节性多发病的预防等，对增强机体对生产性毒物的抵抗力有重要意义。

5. 安全卫生管理：建立和完善安全卫生的规章制度，做好劳动卫生知识的宣传教育，提高作业人员对防毒工作的认识和自觉性，加强生产设备的维修和管理，特别是防止跑、冒、滴、漏，对于预防职业中毒具有重要意义。

6. 环境监测与健康监护：定期监测作业场所生产性毒物的浓度，实施就业前健康检查，排除有职业禁忌证者参加接触毒物的作业，坚持定期健康检查，早期发现工人健康受损情况并及时处理。

三、职业中暑的预防

1. 对强辐射热源如各种炉子，可用石棉布、石棉板、炉门前设置水幕门和循环水门等隔热材料包裹。露天作业时可搭凉棚。通风能加速对流散热和排除湿气，但不能减低辐射热。有气流的厂房建筑，应根据风向开窗，使厂房内热空气能被气流带走。有些高温作业点可用电风扇、空气淋浴等岗位送风方式通风。

2. 合理安排劳动时间，有条件的可实行小换班制或设工间休息，尽量避开一天中最热的时间劳动。工作服以传热慢和透气性能强的为好．露天作业应戴遮阳帽。饮食应富含蛋白质和水溶性维生素，饮料中应含有一定的盐分，以补充体内随汗液流失的盐分。

3. 加强医疗预防工作，对高温作业工人进行健康监护，及时发现和调离不适宜高温作业的职工。热作业环境配备必需的防暑药品，高温作业工人出现头痛、心慌时应立即到阴凉处休息、饮水。

四、职业性伤亡事故防治

针对密集的职业性伤亡事故，只有采取强有力的措施，才能预防职业性伤亡事故的发生，或是减小其发生的概率。具体应该采取以下措施：

1. 全面设置安全装置

职业性伤亡事故的发生主要有两个原因，一是人的不安全行为，二是物质的不安全状态。而统计结果显示，大多数的伤亡事故都是由于人的不安全行为所造成的。因此，对于个人不安全行为的防范是减少伤亡事故的重要内容。

为了减少人的不安全行为，需要设置防护装置，即利用屏护方法与手段把人体与生产活动中出现的危险部位隔离开来；需要设置保险装置，即机械设备在非正常操作和运行中能够自动控制和消除危险的设施设备；需要设置信号装置，即通过人的视、听觉反应原理制造的装置，应用信号指示或警告工人该做什么，该躲避什么；需要设置危险警示标志，警示工人进入施工现场应注意或必须做到的统一措施。通常它以简短的文字或明确的图形符号予以显示。

当然了，不断改善物质的不安全状态，是确保减小职业性伤亡事故的另外一个努力方向，也是不能有一刻松懈的。

2. 进行机械强度试验

生产中用到的机械设备，特别是自行设计组装的临时设施和各种材料、构件、部件均应进行机械强度试验，必须在满足设计和使用功能时方可投入正常使用，有些还须定期或不定期地进行试验。

这种试验，是确保生产安全的有效措施。比如建筑施工单位，对使用的钢丝绳、钢材、钢筋、机件及自行设计的吊篮架、外挂架子等，在使用前做承载试验是必须要有的过程。

3. 进行电气绝缘检验

电气设备的绝缘是否可靠，不仅是电业人员的安全问题，也关系到整个生产环境的财产安全和人员安危。

由于生产过程中可能会有多工种的联合作业，使用电气设备的工种也在不断增多，因此加强电气绝缘检验就更加必要了。要保证良好的作业环境，使机电设施、设备正常运转，不断更新老化及被损坏的电气设备和线路是必须采取的预防措施。为及时发现隐患，消除危险源，则要求在生产前、生产中、生产后均应对电气绝缘进行检验。

4. 维修检修机械设备

随着机械化的发展，各种先进的机械设备进入生产环境，而各种机械设备本身的零部件会产生自然和人为的磨损，如果不及时发现和处理，就可能导致伤亡事故的发生。因此要对机械设备进行维修和检修。

对机械设备的维修，主要是针对机械设备的具体功能，按照其维护保养规则，按照其操作过程进行保护，使用后及时进行加油清洗，检查受损的零部件并进行更换。对机械设备的检修，则主要是为了确保其正常运转，对每类机械设备，甚至每台设备建立档案，对其有计划地进行定期大中小修。

5. 合理使用劳动保护用品

适时地供应劳动保护用品，是在生产环境中预防事故、保护人员安全和健康的一种辅助手段。它虽不是主要手段，但在一定的地点、时间条件下确能起到不可估量的作用。

不少企业曾多次出现有惊无险的事例，也出现了不少不适时发放，不正确使用劳动保护用品而丧生的例子。因此统一采购，妥善保管，正确使用防护用品也是预防事故、减轻伤害程度的不可缺少的措施之一。

第八章　城市环境与人类健康

城市的出现是人类走向成熟和文明的标志，也是人类群居生活的高级形式。同时，城市所带来的一系列社会问题，一直困扰着人类。

城市可以满足人们的诸多需要，如方便上班、购物、医疗、教育、娱乐、人际交往、获得信息等。然而，随着社会的发展，城市的规模越来越大，城市的人口越来越多，城市的建筑越来越高、越来越密，这种便利与舒适正在慢慢失去。人口拥挤、交通堵塞、水资源短缺、用电紧张、空气污染、噪声污染、垃圾成堆、污水成河、绿地缺失，到处是钢筋混凝土，城市环境变得越来越糟糕，城市原有的舒适与便利荡然无存。城市环境问题越来越受到人们的关注，城市环境对健康的影响，越来越受到人们的重视。

第一节　大城市的“污染效应”

随着城市越来越大，一方面出现了大城市经济发展的“规模效应”，另一方面也出现了我们不愿看到的“污染效应”。即由于城市人口的增多，汽车尾气造成的污染也显著变强，水、电、燃气、煤的使用都显著增加，城市粉尘造成的污染变得更为严重。

一、汽车尾气排放剧增

在车水马龙的街头，一股股浅蓝色的烟气从一辆辆机动车尾部喷出，这就是通常所说的汽车尾气。这种气体排放物不仅气味怪异，而且令人头昏、恶心，影响人的身体健康。

汽车尾气造成的污染与呼吸系统疾病、各种癌症（特别是肺癌在一些大城市已上升到首位）、皮肤疾病、心血管疾病、神经系统疾病均有明显关系。

现在城市的汽车越来越多，汽车尾气带来的城市空气污染问题也越来越突出，在一些城市，汽车尾气已经成为城市空气的主要污染源。

汽车尾气中含有上百种不同的化合物，其中有害污染物有固体悬浮微粒、一氧化碳、二氧化碳、碳氢化合物、氮氧化合物、铅及硫氧化合物等。一辆轿车一年排出的有害废气比自身重量大3倍。英国空气洁净和环境保护协会曾发表研究报告称，与交通事故遇难者相比，英国每年死于空气污染的人要多出10倍。

铅作为防爆剂，这样的汽油叫做含铅汽油。含铅汽油使汽车排放的尾气中含有较高浓度的铅，对人体健康危害严重。鉴于此，我国已于2000年开始使用无铅汽油，相应的四乙基铅被一系列新型汽油防爆剂所取代。在我国，无铅汽油是指含铅量在0.013克/升以下的汽油。所以说无铅汽油并非铅含量为零的汽油，因此，汽车尾气中仍然含有少量的铅。农村居民，一般从空气中吸入体内的铅量每天约为1微克；城市居民，尤其是街道两旁的居民，每天吸入的铅量会大大超过这个数值。城市大气中的铅60%以上来自汽车含铅汽油的燃烧。人体中铅含量超标可引发心血管系统疾病，并影响肝、肾等重要器官的功能及神经系统。由于铅尘比重大，通常积聚在1米左右高度的空气中，因此对儿童的威胁最大。

目前，无铅汽油中取代四乙基铅的新型防爆剂主要有：芳香烃类、甲基叔丁基醚（MTBE）、三乙基丁醚、三戊基甲醚、羰基锰（MMT）、醇类等，其中以MTBE用量最大。

汽车尾气中主要的有害成分为：未燃烧或燃烧不完全的CH、NOx、CO、CO_2、SO_2、H_2S以及微量的醛、酚、过氧化物、有机酸和含铅、磷汽油所形成的铅、磷污染等。其中对人危害最大的有一氧化碳、碳氢化合物、氮氧化合物、铅的化合物及颗粒物。

汽车尾气的颗粒物中含有强致癌物苯并（a）芘，在一般情况下，1 克颗粒物含有约 70 微克苯并（a）芘，每燃烧 1 千克汽油可产生 30 毫克苯并（a）芘。当空气中的苯并（a）芘浓度达到 0.012 微克/立方米时，居民中得肺癌的人数就会明显增加。

二、城市资源消耗巨大

我国 600 多座城市中就有 400 座缺水。地表水供不应求，人们就越来越多地求助于地下水，造成地下水采补失衡，致使地下水位持续下降，引发一系列的严重后果：成片的机井报废、海水入侵、地面出现沉降、裂缝和塌陷、植被枯死。城市水污染和由此造成的水资源短缺问题已经到了影响城市存亡的严峻时刻。

城市就像一个大的污染体，清洁的河水流经城市后，则变成了又脏又臭的污水河。城市，将它的废水倒进了河里；城市，将它的废物扔进了河里；城市，将它的污物洗进了河里。随着我国工业的发展和城市人口的增加，工业废水和生活污水的排放量急剧增加，加之城市污水处理能力跟不上发展，使绝大多数河流的城市段和城市湖泊出现了严重污染和富营养化，造成了城市水的危机，并威胁着人们的生命健康和安全。

城市的电力需求也持续攀升，每到夏季来临，由于高温等因素引起用电高峰，许多城市频频出现用电告急的情况。电力供应能力的增加有限，发电装机增长远低于用电迅猛增长，发电设备利用小时数继续攀升。跨区送电大幅增长，全国联网对缓解部分地区供需紧张作用明显。电煤供应明显不足，价格持续攀升。发电机组长期超负荷运行，致使机组检修安排困难，甚至造成非计划停运增多。全国多个省市因机组检修和非检修安排困难及非计划停运增多，直接导致拉闸限电或者加剧了拉闸限电局面。

城市里的燃气、煤炭需求数字也非常庞大，无论是燃气，还是燃煤，都会对城市空气污染的加重“助一臂之力”，尤其是燃煤为主的城市中，空气中粉尘和硫氧化合物的增加非常明显。

三、城市粉尘危害不浅

粉尘分落尘和飘尘两类。落尘颗粒较大，粒径在 10 微米以上，能很快降落到地面，多属于燃烧不完全的小碳粒，即人们所看到的黑烟。飘尘颗粒小，粒径在 10 微米以下，其中相当大一部分比细菌还小，长时间在空气中飘浮。粒径在 5—10 微米间的粒子，能进入呼吸道系统，由于惯性力作用被鼻毛与呼吸道黏液排出，小于 10 微米的粒子由于气体扩散的作用被黏附在上呼吸道表面而随痰排出；而半微米到 5 微米的飘尘可以直接到达肺细胞而沉积，并能进入血液送往全身，在身体各部位累积，引起疾病。

城市中的粉尘可由于汽车开过后随风带起的公路扬尘、生活燃煤排出的粉尘、工业锅炉排出的烟尘、汽车尾气排出的固体悬浮颗粒等构成。粉尘中还含有多种金属微粒及气体，如铅、汞、镉、铬、钒、铁及其氧化物，具有催化作用，能促使其吸附二氧化硫、氧化氮等有害气体。飘尘也能吸附致癌性很强的苯并芘等碳氢化合物。

此外，人们如果随地吐痰，痰中的各种病菌，特别是像结核杆菌等，也可随粉尘飘浮在空气中，吸入人体后就可能感染肺结核。

城市空气污染，在无风或风速不是很大、逆温等不利于稀释、扩散的气象条件下，又能在大气中富集，使空气污染程度增大，从而大大增强公共危害。

除了以上提到的这些外，城市中存在的噪声污染、光污染、电磁污染、热污染等问题也日益变得尖锐突出。

第二节　城市噪声污染

在物理学上，噪声是指各种频率、不同强度的声音无规律的杂乱组合或单一频率一定强度的声音持续刺激；而生理学则认为，凡是使人烦恼的、讨厌的、不需要的声音都可称为噪声，因此噪声的定义及标准的制定并不完全根据声音的客观物理性数据，还要参考机体的主观感觉、心理状态及所处环境。

据《中国环境状况公报》显示，我国多数城市噪声处于中等污染水平，其中，生活噪声影响范围大并呈扩大趋势。交通噪声对环境冲击最强。全国道路交通噪声等效声级分布在67.3—77.8分贝，全国平均值为71分贝（长度加权）。在监测的49个城市道路中，声级超过70分贝的占监测总长度的54.9%。

城市噪声污染影响人类健康

城市区域环境噪声等效声级分布在53.5—65.8分贝，全国平均值为56.5分贝（面积加权）。在统计的43个城市中，声级超过55分贝的有33个，其中，大同、开封、兰州三市的等效声级超过60分贝，污染较重。

在影响城市环境噪声的主要来源中，工业噪声影响范围为8.3%；施工噪声影响范围在5%左右，因施工机械运行噪声较高，近年来扰民现象严重；交通噪声影响范围大约占城市的1/3，因其声级较高，影响范围较大，对声环境干扰最大；社会生活噪声影响范围逐年增加，是影响城市声环境最广泛的噪声来源，其影响范围已达城市范围的47%左右。据环境监测表明，全国有近2/3的城市居民在噪声超标的环境中生活和工作。

由于环境噪声污染影响范围较大，近年来因噪声扰民引起的纠纷不断出现，其中以反映商业、饮食服务业和建筑施工场所噪声扰民居多。

长时间反复的噪声刺激超过生理承受能力，可对中枢神经系统造成损伤，使大脑皮层兴奋和抑制平衡失调，导致条件反射异常。噪声使人烦恼、头晕、头痛、易怒、易倦、耳鸣、精神不易集中，影响工作效率，妨碍休息和睡眠等。噪声影响睡眠的程度大致与声级成正比，在40分贝时大约10%的人受到影响，在70分贝时受影响的人就有50%。突然一声响把人惊醒的情况也基本与声级成正比，40 分贝的突然噪声惊醒约 10% 的睡眠者，60 分贝的突然噪声惊醒约 70% 的睡眠者。在强噪声下，还容易掩盖交谈和危险警报信号，分散人们注意力，发生工伤事故。

在强噪声下暴露一段时间后，会引起一定的听觉疲劳，听力变迟钝，经休息后可以恢复。但是如果长期在强噪声下工作，听觉疲劳就不能复原，内耳听觉器官发生病变，导致噪声性耳聋，也叫职业性听力损失。长期在 65 分贝环境下工作，可有 10% 的人出现某种程度的永久性听力损失；长期在 85 分贝环境下工作，可致难听或耳聋并影响语言能力。如果人们突然暴露在高强度噪声（140—160 分贝）下，就会使听觉器官发生急性外伤，引起鼓膜破裂流血，双耳完全失听。在战场的爆炸声浪中还会遇到爆震性耳聋。

噪声可引起心室组织缺氧，导致散在性心肌损害。动物试验表明，还可使血中胆固醇增高，可能导致动脉硬化；噪声也可引发高血压，有研究显示，噪声区居民高血压病的发病率明显高于非噪声区。

噪声会引起母体子宫收缩，影响胎儿发育所必需的营养素及氧的供给。据调查，日本大阪机场飞机噪声使孕妇流产、出生婴儿平均体重降低。

此外，更强的噪声会刺激内耳前庭，使人头晕目眩、恶心、呕吐，还可引起眼球振动，视觉模糊，呼吸、脉搏、血压等发生波动。

第三节　城市光污染

现在城市的夜晚到处五彩缤纷，灯火辉煌，一个个的光彩工程，大有把城市的夜空变成白昼之势，为此以显都市繁华。然而，在人们炫耀光彩工程的时候，却没有认识到光污染带来的危害和负面影响。

光污染泛指影响自然环境，对人类正常生活、工作、休息和娱乐带来不利影响，损害人们观察物体的能力，引起人体不舒适感和损害人体健康的各种光。从波长 10 纳米至 1 毫米的光辐射，即紫外辐射，可见光和红外辐射，在不同的条件下都可能成为光污染源。广义的光污染包括一些可能对人的视觉环境和身体健康产生不良影响的事物，包括生活中常见的书本纸张、墙面涂料的反光，甚至是路边彩色广告的“光芒”亦可算在此列，光污染所包含的范围之广由此可见一斑。

在日常生活中，人们常见的光污染类型多为由镜面建筑反光导致的行人与司机的眩晕感，以及夜晚不合理灯光给人体造成的不适。

人们关注水污染、大气污染、噪声污染等，并采取措施大力整治，但对光污染却重视不够。其后果就是各种眼疾，特别是近视比率迅速攀升。据统计，我国高中生近视率达60%以上，居世界第二位。为此，我国每年都要投入大量资金和人力用于对付近视，见效却不大，原因就是没有从改善视觉环境这个根本入手。有关卫生专家认为，视觉环境是形成近视的主要原因，而不是用眼习惯。除近视外，光污染对人体健康的影响还依光污染的类型不同而不同。

一、白亮污染与人体健康

当太阳光照射强烈时，城市里建筑物的玻璃幕墙、釉面砖墙、磨光大理石和各种涂料等装饰反射光线，明晃白亮、炫眼夺目。专家研究发现，长时间在白色光亮污染环境下工作和生活的人，视网膜和虹膜都会受到程度不同的损害，视力急剧下降，白内障的发病率高达45%。还使人头昏心烦，甚至发生失眠、食欲下降、情绪低落、身体乏力等类似神经衰弱的症状。

夏天，玻璃幕墙强烈的反射光进入附近居民楼房内，也使室温平均升高4℃—6℃，影响正常的生活。有些玻璃幕墙是半圆形的，反射光汇聚还容易引起火灾。烈日下驾车行驶的司机会出其不意地遭到玻璃幕墙反射光的突然袭击，眼睛受到强烈刺激，很容易诱发车祸。

据光学专家研究，镜面建筑物玻璃的反射光比阳光照射更强烈，其反射率高达82%—90%，光几乎全被反射，大大超过了人体所能承受的范围。长时间在白色光亮污染环境下工作和生活的人，容易导致视力下降，产生头昏目眩、失眠、心悸、食欲下降及情绪低落等类似神经衰弱的症状，使人的正常生理及心理发生变化，长期下去会诱发某些心理疾病。

二、人工白昼与人体健康

夜幕降临后，商场、酒店上的广告灯、霓虹灯闪烁夺目，令人眼花缭乱。有些强光束直接照射在建筑物上，或者直冲云霄，使得夜晚如同白天一样，即所谓人工白昼。在这样的“不夜城”里，人们夜晚难以入睡，扰乱了人体正常的生物钟，导致白天工作效率低下。

汽车在夜间行驶时照明用的头灯，厂房中不合理的照明布置等都会造成眩光。某些工作场所，例如火车站和机场以及自动化企业的中央控制室，过多和过分复杂的信号灯系统也会造成工作人员视觉锐度的下降，从而影响工作效率。焊枪所产生的强光，若无适当的防护措施，也会伤害人的眼睛。长期在强光条件下工作的工人（如冶炼工、熔烧工、吹玻璃工等）也会由于强光而使眼睛受害。

另外，目前大城市普遍、过多地使用灯光，使天空太亮，看不见星星，影响了天文观测、航空等，很多天文台因此被迫停止工作。据天文学统计，在夜晚天空不受光污染的情况下，可以看到的星星约为7000个，而在路灯、背景灯、景观灯乱射的大城市里，只能看到大约20—30个星星。人工白昼还会伤害鸟类和昆虫，强光可能破坏昆虫在夜间的正常繁殖过程。

三、彩光污染与人体健康

舞厅、夜总会安装的黑光灯、旋转灯、荧光灯以及闪烁的彩色光源构成了彩光污染。据测定，黑光灯所产生的紫外线强度大大高于太阳光中的紫外线，且对人体有害，影响持续时间长。人如果长期接受这种照射，可诱发流鼻血、脱牙、白内障，甚至导致白血病和其他癌变。

彩色光源让人眼花缭乱，不仅对眼睛不利，而且干扰大脑中枢神经，使人感到头晕目眩，出现恶心呕吐、失眠等症状。科学家研究表明，彩光污染不仅有损人的生理功能，而且对人的心理也有影响。“光谱光色度效应”测定显示，如以白色光的心理影响为100，则蓝色光为152，紫色光为155，红色光为158，黑色光最高，为187。要是人们长期处在彩光灯的照射下，其心理积累效应，也会不同程度地引起倦怠无力、头晕、性欲减退、阳痿、月经不调、神经衰弱等身心方面的病症。

四、激光污染与人体健康

激光污染也是光污染的一种特殊形式。由于激光具有方向性好、能量集中、颜色纯等特点，而且激光通过人眼晶状体的聚焦作用后，到达眼底时的光强度可增大几百至几万倍。所以激光对人眼有较大的伤害作用。激光光谱的一部分属于紫外和红外范围，会伤害眼结膜、虹膜和晶状体。功率很大的激光能危害人体深层组织和神经系统。近年来，激光在医学、生物学、环境监测、物理学、化学、天文学以及工业等多方面的应用日益广泛，激光污染愈来愈受到人们的重视。

五、红外线污染与人体健康

红外线近年来在军事、人造卫星以及工业、卫生、科研等方面的应用日益广泛，因此红外线污染问题也随之产生。红外线是一种热辐射，对人体可造成高温伤害。较强的红外线可造成皮肤伤害，其情况与烫伤相似，最初是灼痛，然后是造成烧伤。红外线对眼的伤害有几种不同情况：

波长为7500—13000埃的红外线，对眼角膜的透过率较高，可造成眼底视网膜的伤害。尤其是11000埃附近的红外线可使眼的前部介质（角膜、晶体等）受损害而直接造成眼底视网膜烧伤。

波长大于14000埃的红外线的能量绝大部分被角膜和眼内液所吸收，透不到虹膜。只是13000埃以下的红外线才能透到虹膜，造成虹膜伤害。人眼如果长期暴露于红外线可能引起白内障。

波长19000埃以上的红外线，几乎全部被角膜吸收，会造成角膜烧伤（混浊、白斑）。

六、紫外线污染与人体健康

紫外线最早是应用于消毒以及某些工艺流程。近年来它的使用范围不断扩大，如用于人造卫星对地面的探测。紫外线的效应按其波长而有不同，波长为1000—1900埃的真空紫外部分，可被空气和水吸收；波长为1900—3000埃的远紫外部分，大部分可被生物分子强烈吸收；波长为3000—3300埃的近紫外部分，可被某些生物分子吸收。

紫外线对人体主要是伤害眼角膜和皮肤。造成角膜损伤的紫外线主要为2500—3050埃部分，而其中波长为2880埃的作用最强。角膜多次暴露于紫外线，并不增加对紫外线的耐受能力。紫外线对角膜的伤害作用表现为一种叫做畏光眼炎的极痛的角膜白斑伤害。除了剧痛外，还导致流泪、眼睑痉挛、眼结膜充血和睫状肌抽搐。

紫外线对皮肤的伤害作用主要是引起红斑和小水疱，严重时会使表皮坏死和脱皮。人体胸、腹、背部皮肤对紫外线最敏感，其次是前额、肩和臀部，再次为脚掌和手背。不同波长紫外线对皮肤的效应是不同的，波长2800—3200埃和2500—2600埃的紫外线对皮肤的效应最强。

紫外线还具有致癌作用，研究发现短波紫外线水平的上升与皮肤癌的发病率成正相关。

总之，光污染会导致能源浪费，并且对人的生理、心理健康产生破坏。此外，过度的光污染，会严重破坏生态环境，且对交通安全、航空航天科学研究也会造成消极影响。

第四节　城市电磁污染

我们知道，任何交流电路都会向它周围的空间放射电磁能，形成交流电磁场。当交流电的频率达到每秒10万次以上时，它的周围便形成了高频率的电场与磁场，这种由变化的磁场产生变化的电场，而变化的电场又在同时产生变化的磁场，由近及远以一定速度在空间里传播的过程就是电磁辐射。电磁辐射磁场强度达到一定量之后，就会造成电磁污染。随着科学技术的迅猛发展，电磁污染日益严重，已越来越引起各国的重视。

电磁污染源一般分为天然和人为的两大类。天然的电磁污染，如雷电、火山喷发，地震和太阳黑子活动引起的磁暴等都会产生电磁干扰。人为的电磁污染，主要来自高频感应加热设备（如高频淬火、高频焊接、高频熔炼等）、高频介质加热设备（如塑料热合机、高频干燥处理机、介质加热联动机等）、短波与超短波理疗机、无线电发射机、微波和加热器与发射设备，以及汽车火花干扰源等等。目前城市环境中的辐射污染源主要是调频广播和电视的发射天线。

电磁污染及传播的主要途径是空间辐射、导线传播和复合污染。

电磁污染的危害很大。当飞机在空中飞行时，如果通讯和导航系统受到电磁干扰，就会同基地失去联系，可能造成飞行事故；当舰船上使用的通信、导航或遇险呼救频率受到电磁干扰，就会影响航海安全；有的电磁波还会对有线电设施产生干扰而引起铁路信号的失误动作、交通指挥灯的失控、电子计算机的差错和自动化工厂操作的失灵，甚至还可能使民航系统的警报被拉响而发出假警报。

更严重的是，过量的电磁波辐射对人体的心脏、血液和眼球等都有很大的危害，表现为头痛、头晕、周身不适、疲倦无力、失眠多梦、记忆力减退、口干舌燥、血压升高或下降、心动过缓或过速，以及妇女月经周期紊乱等，在波频段（30 兆周—30 万兆周的无线电波）还可引起视力、性机能等方面的降低，严重者还导致白内障。在纵横交错、蛛网密布的高压线网、电视发射台、转播台等附近的家庭，不仅电视机被严重干扰，而且居民因常受电磁污染而可能感到身体不适。此外，看电视，尤其是彩色电视，如果离得太近，电视机射出的射线往往会使人发生暂时的视力减退，看东西模糊。

电磁辐射对人体健康的危害主要有以下五个方面：电磁辐射是心血管疾病、糖尿病、癌突变的主要诱因；电磁辐射对人体生殖系统、神经系统和免疫系统造成直接伤害；电磁辐射是造成孕妇流产、不育、畸胎等病变的诱发因素；过量的电磁辐射直接影响儿童组织发育、骨骼发育，并导致视力下降和肝脏造血功能下降，严重者可导致视网膜脱落；电磁辐射可使男性性功能下降，女性内分泌紊乱，月经失调。

第五节　城市热污染

城市中，由于植被稀少，到处是钢筋水泥的建筑物和街道的沥青水泥路面，一到夏天，炎热的太阳由于缺乏植物的吸热作用，加上玻璃幕墙的反射作用，使钢筋水泥建筑物的温度迅速升高，并通过热的辐射作用不断向四周散出热量而使城中气温升高；另一方面，城市街道上川流不息的机动车辆，由于发电机燃烧而从尾气中排出大量的热源，也使城中气温升高；此外，工厂锅炉与居民橱灶的燃烧以及家家户户的空调均不断向外排出大量的热源而使城市气温升高。加上城市密集的建筑，不利于空气对流散热，大量热能集留在城中及其上空而形成“城市热岛”，使城内气温高出郊外1℃—6℃。

城市热岛效应使城市出现热污染，导致夏天持续高温天气增多，影响人体健康，包括生理和心理两个方面。

高温作业时，人体出现一系列生理功能改变，主要为体温调节、水盐代谢和循环、消化、神经、泌尿系统的适应性变化。但如果超过一定的限度，则可对人体产生不良影响。

体温调节：在正常情况下，人体通过中枢神经系统的调节作用，使产热与散热经常保持动态平衡，以维持恒定的体温及正常的生理活动。人体的产热主要来自物质的氧化过程和组织活动；人体的散热主要通过辐射、传导、对流和蒸发来进行。在高温、强热辐射和高湿的环境中劳动，机体散热机制发生障碍，机体为了加强辐射、传导、对流散热，体内产生的热量由血液传至体表，体表血管反射性扩张，使周围血流量增加，皮肤温度升高。当皮肤温度高于内脏时，体表可能完全失去散热的作用。

水盐代谢：在高温环境下从事重体力劳动，排汗量明显增加，汗液的主要成分是水，其中含有氯化钠和水溶性维生素。大量的出汗可引起水分、氯化钠及水溶性维生素的丢失，导致机体水盐代谢的紊乱。

心血管系统：在高温环境下工作，人体由于出汗，而大量水分丧失，以致有效血容量减少，血液浓缩加之高温使皮肤血管扩张，末梢循环血量增加，内脏相对缺血，心脏负担加重，从而使心率加快，每搏输出血量减少，久之可引起心脏的生理性肥大。此外，高温作业对血压也有影响。

消化系统：高温作业时，机体血液重新分配，引起消化道贫血，胃肠道活动受抑制，消化液分泌减少，胃液酸度降低，胃的收缩和蠕动减弱，排空速度变慢，以及大量饮水使胃酸稀释。这些因素均可引起食欲减退和消化不良，使胃肠道疾患增多。

神经系统：高温作业可使中枢神经出现抑制，肌肉工作能力低下，机体产热量因肌肉活动减少而下降，热负荷减轻。另外，由于注意力下降，动作准确性、协调性和反应速度降低，易发生工作事故。

泌尿系统：高温作业时，由于调节体温，体内大量水分经汗腺排出，肾血流量和肾小球过滤率下降，尿液浓缩，肾脏负担加重，有时可引起肾机能不全。

更严重的情况是高温导致中暑人群增加。中暑是高温环境下机体产热超过散热，引起体内蓄热，体温不断增高，机体热平衡机能紊乱的一种急症。严重者可以导致死亡。

人在持续的高温环境下工作、生活，由于高温导致水电解质代谢紊乱、大量出汗使血容量减少，导致脑部缺血，因而出现脑功能下降，注意力不集中、记忆下降、反应减慢、头昏、头晕、不适等，从而影响工作和学习效果，而且还会导致事故增加。同时，高温使人心情烦躁、不耐烦、易激惹等，使人际摩擦增多。

第九章 室内环境与人类健康

如今，室外环境污染的严重性和危害性已逐渐受到人们的重视，而对室内空气污染的危害人们还不甚了解，以为室内空气比室外空气好。实际情况却不是如此。

第一节 室内环境状况堪忧

由于我国城市用于居室、写字楼的建筑材料、家具制品和装修材料含有超标（有的是严重超标）的甲醛、苯、氨、氡、氯化烃等对人体健康极为有害的物质，这些逐渐释放出来的有机和无机污染物，未能被及时排放到室外或在室内分解，浓度逐渐提高，致使室内空气质量恶化，污染日趋严重，在对人们的身心健康造成的危害方面，已在很大程度上超过了室外空气污染。

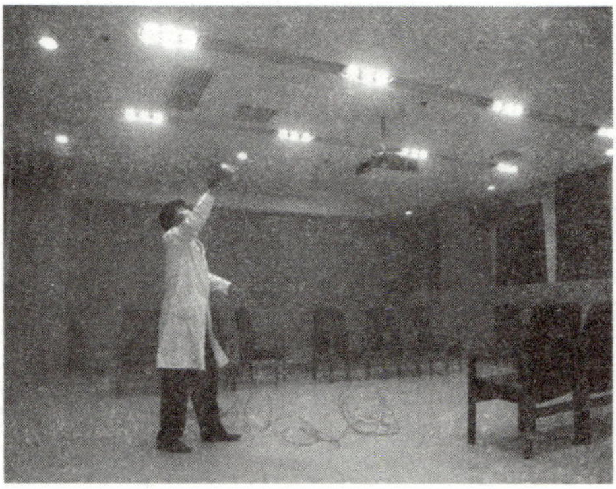

室内污染威胁健康

这里所说的“室内”不仅包括我们居住的空间，也包括日常工作、学习、生活的所有室内空间，如办公室、教室、会议室、旅馆、影剧院、图书馆、商店、体育场馆、健身房、舞厅、候车候机室等各种室内公共场所，以及飞机、公共汽车、小轿车等交通工具内。

美国的一项研究发现，许多民

用和商业建筑，其室内空气污染程度是室外的2—5倍，有的甚至超过100倍。因此，“室内空气污染”被列为继“煤烟型污染”和“石油型污染”后的第三空气污染时期。国际卫生组织估计，在新建和改建的建筑物中约30%是致病建筑，空气中可检出300多种污染物，有约68%的人体疾病与室内污染有关。

中国环境监测总站大量研究发现，甲醛的室内浓度比室外高15—150倍（苯的浓度室内比室外高5—10倍），在不通风时，室内空气中的甲醛浓度比室外高600多倍。根据国家“十五”攻关课题《室内空气重点污染物健康危害评价技术研究》在北京、天津、上海、重庆、长春、石嘴山六城市进行调查和监测发现，我国居民室内装修后，空气中甲醛超标率：冬季82.31%、夏季93.65%；挥发性有机化合物超标率：冬季70%、夏季49.04%。保守地估计，我国新装修的房屋，70%以上室内环境不达标。2003年中消协联合省消协对杭州市53户装修房屋室内空气进行了监测，结果污染物超标79.1%，最高超标竟达10多倍。

随着人民生活水平的提高，老百姓的住房变新、变大，家庭的装饰及家具也在更新、增加，新的学校教室及桌椅、新的商场、办公楼、公交车、小轿车都在大量增加，但是室内空气（含汽车）污染的危害程度也在与日俱增。实际上，新装修的居室、写字楼室内空气污染情况更为普遍和严重，污染程度通常为室外的5—10倍，有的甚至达到100倍。

根据调查，目前我国有近4亿人不同程度地患有气喘及过敏性鼻炎，不良的室内空气质量是主要原因之一。中国室内装饰协会环境检验中心公布的数据表明：全国每年由室内空气污染引起的死亡人数已达11.1万，每天大约304人。

另据中国社会科学院最近的一项报告，我国因空气污染导致人体疾病的医疗费用估算为171亿元，而城市的大多数居民有80%以上的时间是在室内度过，由此可见，目前我国室内空气污染处于相当严重的状况，其危害性不容忽视。

一、居室环境污染与健康

居室是人们休息、睡眠和学习的场所，又是家庭团聚、儿童成长发育、人类健康长寿的地方。人在一生中至少有一半时间在住宅中度过。环境科学工作者的研究结果表明，居室环境条件的好坏，特别是居室空气污染情况，与居民健康水平、某些疾病的患病率、死亡率和儿童生长发育均有密切关系。

然而，人类的生产、生活活动会造成居室内的环境污染。尤其是近年来，居室环境的污染状况有所加剧。造成居室环境污染主要有以下几个原因：

1. 室外大气污染物借通风换气和渗透而进入居室内，从室外带入的各种空气微生物；或者室内由于通风不畅，封闭的建筑隔绝了人与自然空气的直接接触，室内变成了空气混浊的“大废气罐”，也会滋生出各种细菌。另外，室内设备管道和通风不良的死角，也因环境阴暗潮湿而容易繁殖细菌，从而引起污染。

2. 建筑材料、装修材料、家庭使用的化学溶剂也可能是污染产生的源头。现代建筑中有2%—3%都有石棉和氡，10%左右有病毒、细菌等微生物，这些“病”会传染给建筑的使用者。而许多装修材料会向室内空气中挥发有毒成分，给人体带来不良影响。人工芳香剂、染发剂以及进行室内消毒、杀虫、灭鼠等化学剂，都会给室内空气造成不同程度的污染。例如有的人在喷洒过芳香剂的环境中待上一段时间，便会出现皮肤瘙痒、头晕及咳嗽等症状，甚至恶心、呕吐，严重的甚至会突发哮喘。

这是因为液体芳香剂喷出后，都会形成颗粒物弥漫在空气中，这些颗粒物本身就可以对肺部和眼结膜产生直接的刺激，引起咳嗽和眼部不适，损害肺功能。同时，这些颗粒物又可以作为一个载体，使空气中的有害物质附着在其上，一同被人吸入体内。固体芳香剂虽然不至于形成有害的颗粒物，但它同样含有乙醇、香精等有害物质，进入空气后，不知不觉被人吸收。

3. 室内做饭、取暖所用燃料燃烧产生的烟尘和有害气体，也是室内重要的污染物。目前不少城市家庭中基本上已普及管道液化气或瓶灌液化气。液化气的使用虽然减少燃煤产生的硫和烟气尘埃，但它的主要成分是丙烷等碳氢化合物，燃烧时都需要消耗室内氧气而排出一氧化碳、二氧化碳、二氧化硫、氮氧化物、醛类、苯并芘以及有毒气体，这对眼结膜和呼吸道黏膜有刺激作用，使用不当会发生中毒事故，并且具有潜在的致癌性。

我们日常食用的植物油，炒菜时当油温在110℃左右，油面平静无油烟冒出。达到130℃时生油味虽被去除，油中脂肪酸却发生氧化反应，生成一系列挥发性化学物质，所含脂肪酸和脂溶性维生素遭到不同程度的破坏，蛋白质变成高分子聚合物。当油锅温度达150℃时有青烟冒出，200℃以上时青烟较多。由于油中甘油热解失水，有辛辣味的丙烯醛类物质逸出，使人出现咽喉干燥、眼睛发涩、鼻痒和鼻腔分泌物增多，有些人甚至如同饮酒一般产生醉意，有过敏性哮喘或肺气肿患者可诱发气喘咳嗽。

油温越高分解的产物越复杂，当锅中油被加热到起火时，温度超过300℃，除产生丙烯醛外，还产生一种属二烯类凝聚物，这种物质可导致慢性呼吸道炎症，并使细胞突变。经常有一些人在烹饪过后没有食欲、嗅觉迟钝、口渴、头晕，眼、鼻、喉有刺激的症状，国外将之称为“醉油综合征”。长期吸入油烟可损伤细胞膜，使之发生脂质变性，导致心脑血管病、癌症的发生率增加。

4. 室内的家用电器的使用，也会造成各种各样的污染。

长期处在温、湿度适宜的空调环境中的人们却容易出现呼吸道干燥、鼻塞、关节酸痛等症状，同时伴有胸闷、憋气，思想不集中，容易疲劳，人们通常称之为“空调综合征”。引起“空调综合征”的原因主要是室内空气中负离子减少和室内外环境条件相差悬殊。由于空调器等电器设备产生正离子，室内空气经反复过滤后，空气离子成分发生了改变，负离子数目显著减少而正离子过多。人们在低负离子的环境中工作和生活，易造成人体内分泌和自主神经功能紊乱，出现头晕、失眠、记忆力下降、食欲减退、四肢无力等症状。

微波炉、电磁炉等家用电器，在使用过程中也会产生电磁辐射，对人体健康造成伤害。

5. 人体本身也会在室内代谢出污染物。人体新陈代谢产生的皮屑、皮脂等多种物质组成的体臭味，以及细微尘埃飘浮在空气中成为病源微生物的良好载体，并能吸附多种重金属有机毒物。如果没有很好的通风的话，人体呼吸过程中排出的气体，也会让室内的空气变得不新鲜。

人在不断地向外界呼出二氧化碳、水蒸气，释放出多种细菌和多种气味。据研究，人肺可排出 25 种有毒物质，人呼出的气体中含有 16 种挥发性毒物。这一点，人们都有过切身体验，当我们走进拥挤、密闭的房间或乘坐几乎无立足之地的公共汽车时，常会感到头晕、目眩，时间久了，甚至会感到胸闷、恶心、出虚汗。这种不适感，国外医学界称之为闷屋综合征，其实质就是众多的人呼出的有害气体污染了空气。人们若长期吸入这种污染的空气，便会出现那些症状，导致“闷屋综合征”的产生。

另外，咳嗽咳出的痰液中常带有病菌，打一个喷嚏，可能会喷射出数百万悬浮颗粒，这些颗粒可以带有数千万个以上的病菌。

6. 个人不良的卫生习惯会造成室内污染，比如吸烟就是一个很重要的室内空气污染源。烟草在燃烧时的温度高达 850℃—900℃，烟草里的成分在超高温状态下，有的被破坏分解，有的又合成新的化学物质，其中主要有尼古丁、焦油、氰氢酸等。尼古丁可兴奋神经，收缩血管，升高血压和减少组织血液供应，会通过增加心率提高氧消耗量，20 支香烟的尼古丁含量可达 40 毫克，连续吸入可致人死亡。焦油中含有微量苯并芘、苯蒽等多种有机化合物，苯并芘具有较强的致癌作用。其他几种虽然没有明显的致癌性，但有增加致癌物质的作用。

另外，在香烟的烟气成分中，含有一氧化碳、丙烯醛、氰氢酸、氨等刺激性气体，这些有害气体，对人体肺脏的气管及支气管黏膜的纤毛上皮细胞有严重的损害作用。世界卫生组织公布的资料表明，65 岁以下男性 90% 的肺癌死亡、75% 的慢性支气管炎和肺气肿的死亡是由于吸烟所引起的。

二、办公室环境污染与健康

中国室内环境监测委员会根据多年写字楼室内环境污染调查发现，目前我国写字楼流行的“办公楼综合征”成为危害脑力劳动者健康的主要问题。

某网络公司的刘先生说，公司内有十几个同事同时患了一种怪病：一进办公室就感到目眩头痛，越到下午越严重，后来才知道这可能是工作环境造成的。莫名其妙的烦恼，浑身不舒服，做事打不起精神来，耳鸣、眼睛酸累、思维迟钝、性欲减退等，这种由于新的工作环境引发的疾病，目前已经是城市职业病的主流。

关于办公室内的环境污染，除了前面谈到的室内空气污染的相同情况外，办公室常常采用密闭的中央空调，由于密闭的空间通气换气较差，使室内氧含量下降、二氧化碳增加，导致里面的工作人员缺氧，出现头昏、胸闷、注意力不集中、思维迟钝等。另外，办公室内的地毯、家具还可散发出前面谈到的各种有害气体和刺激性挥发物质，包括甲醛、苯、甲苯二异氰酸酯（一种刺激性气体，来源于聚氨酯类油漆和粘胶剂）等，长期接触还会致癌。由于中央空调常常很少清洗，管道内堆满了灰尘、尘螨和细菌，它们随着空调送风口进入办公室内，很易导致呼吸道感染。此外，办公室内的各种电器设备，如电脑、复印机、激光打印机、电话机等，常常产生噪声、电磁污染，也是导致头昏、不适、心情烦躁的重要原因。

密闭式的建筑留住了各种室内污染，尤其是那些难闻的气味：洗地毯的香波，用于公共消毒的消毒剂，未被替代的旧式油印机，打字机里的液体，签字笔，胶水，空气清新剂。这些有害气体均会在密闭的屋里沉积下来，这不仅会导致鼻塞和呼吸困难，而且还会导致慢性头疼、恶心、头晕、嗓子疼、对眼和皮肤的刺激、干咳、过敏甚至失眠。更严重的是，这些密闭的屋子必须配有加湿器和空调器来调节屋内的湿度和温度，这也就为细菌或真菌的滋生创造了理想的环境。这种情况导致的众所周知的结果是军团病（一种大叶性肺炎），很多患这种病的人在原因还没有弄清楚之前就死了。

有人对北京的 6 座高档写字楼办公场所室内空气质量抽样检测，结果发现，有害物质氨、甲醛、臭氧的超标率分别为 80.56%、42.11% 和 50%。这些超标物不但会使人出现头痛、恶心、气喘气促、鼻咽部不适等多种症状，还会产生焦躁等不良情绪，严重的会引发肺癌和白血病。目前我国的肺癌发病率以每年 26.9% 的惊人速度递增，每年新发白血病患者 5 万人，80% 的发病率与室内空气污染有直接关联。所以，应注意写字楼里的隐形杀手——办公室环境污染。

三、汽车内的空气污染与健康

现在购车的人越来越多了，而且不少人开车时喜欢开着空调、密闭着车门。实际上，汽车内的空气污染也是非常明显的。据浙江省疾病控制部门的调查发现，90%的汽车存在车内空气甲醛或苯含量严重超标，约有65%司机驾车会经常出现因头晕、困倦、咳嗽导致压抑烦躁、注意力无法集中甚至引发交通事故的驾车综合征。密闭的车内，也可由于通气换气不足，导致氧含量下降、二氧化碳增高而出现头昏、头晕、困倦，尤其是车内乘客较多时更是如此。密闭的空调公交车，还容易导致病菌的传播。因此，汽车内环境污染与健康的问题，应当引起高度重视。

第二节　室内的空气污染物

目前对人类健康影响最大的室内空气污染物大致可分为3类：一是可吸入颗粒物，二是微生物类污染物，三是有机和无机有害气体污染物。

一、可吸入颗粒物

装修污染普遍存在

可吸入颗粒物包括粉尘、烟雾、花粉等。室外空气污染物通过门窗空气交换可以进到室内，这根据房屋所处的街道地段不同而不同，临街房屋，特别是靠近公路、主要干道的临街房屋的粉尘的含量往往较高。

来自室内自身的污染物主要包

括：未排出的厨房的炒菜的油烟、燃煤的烟尘、香烟、蚊香等也可能成为室内空气颗粒污染物的来源。颗粒污染物对健康的影响依颗粒物成分的不同而不同，一般来说，主要导致人体呼吸系统疾病，如支气管哮喘、慢性支气管炎、肺结核、肺癌等，如果吞入，也可导致消化系统的疾病。

香烟的烟雾中含有大量的可吸入颗粒物和气溶胶，它们不但含有各种有害化学物质，而且还可能附着有吸烟者体内的细菌和病毒，所以对其他人的健康构成极大的威胁。根据世界卫生组织公布的数据，香烟烟雾中含有约4000种物质成分，其中40余种被证明是致癌物质。香烟的气溶胶物质主要是焦油和尼古丁。焦油中含有大量的致癌物质，如多环芳烃、砷、镉、镍、锶等元素。气态有毒、致癌物质包括二甲基亚硝胺、二乙基亚硝胺、联胺、亚硝基吡咯烷、氯乙烯等。实验证明，1支香烟中的尼古丁可以毒死一只小白鼠，25支香烟中的尼古丁可以毒死一头牛。香烟中的烟碱、烟毒会引起孕妇早产、流产等。香烟是导致肺癌的主要元凶，除肺癌外，其他包括喉癌、口腔癌、唇癌、舌癌、食道癌、乳腺癌等。吸烟还可以引起肺水肿、冠心病、心机梗死、动脉硬化、中风等。而处在同一屋的被动吸烟者的危害并不比吸烟者小。

二、微生物类污染物

微生物类污染物包括细菌、病毒、真菌孢子等。许多致病微生物在室内可以存活很长时间，如溶血性链球菌在室内灰尘中可存活70—240天，白喉杆菌和肺炎球菌在灰尘中可存活120—150天。室内细菌总数往往高于室外，尤其是在冬天和在密闭的空调房间里，特别是有的中央空调常常成了细菌污染的主要来源。在阴冷、潮湿的房间内除细菌容易滋生外，也容易滋生真菌，当吸入这些细菌时，就会引起呼吸系统的感染性疾病，如支气管炎、肺炎等。此外，在室内灰尘中，还容易滋生尘螨，可引起皮肤的螨虫性皮炎。所以，为了减少室内细菌污染，住宅应建在干燥、向阳的地段，房间应尽量朝南，保持良好通风，公交车应尽量减少密闭的空调车，应保持通风透气。

三、有害气体污染物

对于一、二类污染物，人们熟知治理措施，对于第三类即室内有害气体的危害性和来源，人们知之不多。室内无机有害气体主要包括一氧化碳、二氧化碳、氮氧化物、二氧化硫、硫化氢、臭氧、氡气等。燃煤过程中常常产生一氧化碳、二氧化碳、氮氧化物、二氧化硫等污染物。这些气体对呼吸道、眼睛都有刺激作用，可引起呼吸道炎症、过敏性疾病。一氧化碳还可引起急慢性中毒，严重者可导致死亡。

从室内建筑材料、装修材料和家具制品中不断释放出来的有毒有害气体，实际上是今天室内空气的主要污染源，其中四大有害气体是氡、甲醛、苯和氨。

氡是存在于水泥、矿渣砖和装饰石材中的放射性物质。氡被世界卫生组织公布为19种主要的环境致癌物质。室内氡气浓度超过100BQ/米^{3}时，将伤害人体呼吸器官，造成呼吸系统疾病，重者导致肺癌。

甲醛主要来源于人造板材、木制家具中的黏合剂。目前各类人造板材及其家具在制作中通常采用脲醛树脂作为胶粘物，我国人造板材80%以上使用脲醛树脂，年消耗量接近10万吨。甲醛是一种有毒物质，具有强烈的刺激性气味，它能与生物细胞的基础——蛋白质反应，使蛋白质变质和凝固。室内甲醛浓度超过0.1/1000000时，将损害人体健康，可刺激眼睛，引起流泪、咳嗽、肝功异常和免疫功能异常等。

甲醛已被世界卫生组织列为致癌和致畸物质，是公认的变态反应源，也是潜在的强致突变物质之一。研究表明，甲醛具有强烈的致癌和促癌作用。中国室内环境监测委员会曾发布警示：警惕甲醛超标引发儿童白血病。甲醛已经被世界卫生组织确定为一类致癌物，并且认为甲醛与白血病发生之间存在着因果关系。从室内环境监测中心调查看，目前甲醛是我国新装修家庭中的主要污染物，儿童是室内环境污染的高危人群，甲醛污染与儿童白血病之间的关系应该引起全社会关注。长期接触低剂量的甲醛可引起慢性呼吸道疾病，引起鼻咽癌、结肠癌、脑瘤等。儿童和孕妇对甲醛尤为敏感，危害性更大。新近的统计表明，我国每年新增白血病患者约4万名，其中2万多名是儿童，且以2—7岁的儿童居多。家庭装修导致室内环境污染，被认为是导致城市白血病患儿增多的主要原因。北京儿童医院调查显示，到医院就诊的白血病患儿中，有90%的家里在半年之内曾经装修过。本书开头谈到的辛老师得白血病的事，就很有可能与她搬新房有关，新装修的房子和新家具中常常含有甲醛、苯等有毒污染物。

苯系物存在于油漆、胶、涂料中。苯对人体极为有害，室内浓度超过2.4毫克/米^{3}时，人可能在短时间内就会出现头痛、胸闷、恶心、呕吐等症状，重者中毒而死。此外，苯也是致癌物，长期接触苯可导致再生障碍性贫血和白血病。甲苯、二甲苯对生殖功能有一定影响，妇女对苯的吸入反应格外敏感，当室内空气每立方米苯浓度达5毫克、甲苯达50毫克、二甲苯达50毫克时，妇女的月经异常率明显增高，妊娠期妇女长期吸入苯会导致胎儿发育畸形和流产。国外研究发现，妊娠期间吸入大量甲苯的妇女，她们生的婴儿多有小头畸形、中枢神经系统功能障碍和生长发育迟缓等缺陷。

氨主要来源于建筑水泥。在我国北方地区，许多建筑商用氨作为防冻剂加入水泥中进行冬季施工。氨是挥发性气体，会强烈刺激和伤害人的感官系统、呼吸系统和皮肤组织，使人出现流泪、头痛、头晕等症状。

第三节　创造安全的室内空间

总之，室内空气污染已经成为健康的隐形杀手，应该引起我们的高度重视。

针对我国目前室内空气污染的状况，要改善室内空气质量、提高民众的健康水平，应采取以下有效的控制措施：

一是要进行污染源的控制。国家制定和完善建筑工程室内环境污染控制规范，各有关部门应按规范严格执法，加强监管，坚决制止生产和销售有害物质超标的建筑和装修材料。同时，加强环境保护措施，加大力度治理工业废气和烟尘排放、汽车尾气排放，做好保护水土和绿化城市的工作。室内空气质量的状况在很大程度上决定于室外大环境。

二是要提高室内环保意识。人们在装修房子时，要多了解室内环保的基本知识，要有“健康第一”的意识。采用正规企业生产的符合国家标准的装修和装饰材料；在与装修公司签订合同时，应注明室内环境要求；在选购家具时，应选择正规企业生产的并且刺激气味较小的产品；房子装修完，不急于入住，最好通风一段时间，让材料中的有害气体尽可能多地散发；入住新房后，多开窗户，保证室内外通风换气；平常尽量少用空调，房间要经常开窗透气。

三是城市中尽量减少密闭的空调车公交车，注意通气换气，小轿车要多开窗户，保证通气换气。

四是安装室内空气净化装置。消除室内空气污染最有效的方法是通风换气。在依赖于空调系统的密闭空间，保持室内空气质量的有效方法是采用空气净化装置净化室内空气。另外，在室内种植能吸收有害气体的绿色植物，不仅美化居室，还可降低室内有害气体浓度，如鸭趾草、虎尾兰、吊兰、长春藤等可吸收甲醛。

第十章 人际环境与健康

与自然环境不同，人际环境显示的是人与人之间的关系。当一个人开始与其他人接触、交往、相处、共事时，他周围的这些人自然就形成了一个人际环境。对于青少年朋友来说，我们与家长、老师、同学和社会上其他人的全部的人际关系就是我们的人际环境。

人际环境不仅包括具体的人与人之间的关系，也包括整个社会人际氛围，如和谐的社区人际关系、融洽的家庭氛围，父母的关爱，亲密的同学友谊，老师的欣赏和赞扬都会让年少的我们感觉阳光般的快乐。而父母的冷漠、暴力、离异，同学的孤立，老师不公平的对待、漠视，处处防盗、防偷、防抢、防坏人的小区环境，到处充满欺诈、不信任的人际氛围，无疑带给我们的是忧伤、痛苦、绝望、冷漠、愤怒和反叛。人际环境不仅影响我们的心情和处事方式，而且与健康密切相关。

第一节 孩子患上了抑郁症

孩子的世界应当是缤纷多姿的，充满欢笑和快乐，可是有的孩子小小年纪却总是郁郁寡欢。

孩子抑郁症案例一：高材生小静变“傻”了

小静，女，16岁，某重点中学高中一年级学生，因“情绪低落，经常发呆”由母亲带到医院进行咨询，检查中发现小静生长发育正常，身体各系统正常。意识清晰，接触被动，对检查合作，表情呆板，愁眉苦脸，情绪低落，自述心情不愉快，自己对不起父母的养育之恩，觉得自己很无能，有时会想到死。未发现明显的幻觉和妄想，对自己的情绪状态没有自知力，认为自己没病。

小静自小聪慧，接受能力强，学习从来不用大人操心，学习成绩总是排在班上前几名，是家中最有出息的一个，从小得到祖父母的宠爱，其他表兄弟姐妹都以小静为榜样。全家人都对她寄予很大的希望，相信她一定会考上重点高中，然后考上重点名牌大学。

为备战中考，家长为孩子制定了严格的复习计划，希望孩子能考出好成绩，结果孩子考试成绩不理想，没有考上省级重点高中，只去了市级重点学校。老师、家长都比较失望。新学期开学，家长希望孩子再努力学习，并以自身的经历告诉孩子，由于父母不是本科毕业，在这次机构改革中，失去了做处长的机会，强调一定要读好书，否则将来就不会有好的发展。

小静对自己这次没有考好很内疚，觉得对不起家人和老师。准备新学期开始吸取教训，重新开始。开学后，小静更加倍努力读书了，但每次考试总是在前 20 名左右，不再像以前一样名列前茅。

逐渐孩子出现入睡困难，上课经常走神，思考问题时感到吃力，说话也少了，经常一个人发呆，对原来喜欢看的小说也不感兴趣。每晚要到一两点才能入睡，早上经常不能准时起床，几乎天天迟到。老师的批评也多了。周围的人都觉得小静变“傻”了，对什么事情都没有反应。她曾经对母亲说自己对不起父母，自己辜负了家人和老师的期望。

小静从小是一个较为优秀的学生，她身边的老师、父母、亲友、兄弟姐妹对她的过高评价，以及她所获得的成绩，并不形成对她激励的一种动力，反而成为一种压力。在这种压力下，她的情绪找不到宣泄对象，只能独自一个人承担，最终导致患上了抑郁症。

孩子抑郁症案例二：娜娜的笑容不见了

娜娜的爸爸是某公司的业务经理，妈妈是一名列车员，他们通常在家的日子很有限，因此 5 岁的娜娜便由外婆带着。以前的娜娜活泼开朗，很喜欢笑。每当看到别的小朋友在星期天有爸爸妈妈领着到公园玩，娜娜就很羡慕，因为她很少有这样的机会。

最近一段时间，爸爸妈妈发现娜娜变得不爱笑了，她常常一个人坐着发呆，整天不说话，好像一下子乖了许多，但这种“乖”总显得有点不对劲。另外，幼儿园老师也反映娜娜现在上课经常注意力不集中，目光呆呆的，远不像班里其他孩子那么活泼。

孩子抑郁症案例三：小丽4年不长个

小丽今年12岁，身高却只有1.2米，看上去比同龄孩子矮了许多。8岁那年，父母离异后，小丽随父亲一起生活，从那以后，小丽的身高几乎就没怎么长。尽管小丽非常懂事，学习成绩也很优秀，但性格却十分孤僻抑郁。

父亲带小丽到了医院，医生详细检查后指出，小丽不长个的主要原因是由于不快乐、心情抑郁，从而降低了生长激素的分泌，属于典型的生长发育迟缓。

孩子抑郁症案例四：炯炯不想去学校

9岁半的炯炯读四年级，近段时间以来，他突然常发脾气，不做作业，不去妈妈给他报的辅导班上课，也不想去学校上课。炯炯不仅说谎，还和家人大吵。星期一早上，炯炯被妈妈送到学校门口后，他绕过妈妈不愿进学校。老师家访时，炯炯就说头痛。妈妈带着炯炯到医院检查身体却发现没有任何器质性异常，医生认为炯炯得的是“心病”，主要是学习压力太大，已经患上了儿童抑郁症。

娜娜、小丽和炯炯都患了儿童抑郁症。抑郁症主要是指以情绪抑郁为主要特征的情感障碍，不仅包含有抑郁寡欢、忧愁苦闷的负性情感，而且还有怠惰、空虚的情绪表现，但是，以往我们常误以为抑郁症只会发生在有自我意识能力和情感丰富的成人身上，而忽视了儿童也可能得抑郁症。抑郁对孩子的身心发展十分有害，会使孩子心理过度敏感，对外部世界采取回避、退缩的态度，还可以造成儿童身高发育不良。我国目前约有20%的儿童出现抑郁症状，其中4%为临床抑郁，即需要接受临床治疗的重症抑郁。

第二节 人际环境对健康的影响

人是最富感情的，每个人都需要友谊，有朋友和你交流思想感情，有快乐可以和朋友分享，有苦恼可以向朋友倾诉，有忧伤可得到朋友的慰藉，有困难可以得到朋友的帮助。而缺乏关怀、孤独寂寞的人，其健康会受到损害。

一、良好的人际环境有利健康

当人们面临心理压力的时候，和大家一起互动、学习和讨论可以大大减轻焦虑。友好融洽的人际关系使人心情舒畅、精神愉快、情绪稳定、有安全感，大脑皮质血管舒张，保证氧和营养物质的供给，皮下中枢及自主神经系统功能协调，各种腺体分泌正常，使人食欲增加、睡眠良好、精力充沛、思维敏捷、学习和工作效率提高。

人际关系和谐，人们之间可以互相关心，互相爱护，互相帮助，这样就可以降低心理压力，化解心理障碍，有利于心理健康。不良的人际关系或人际关系恶劣，缺乏知心密友，有话不愿说，也不能说，只有把所有的问题都压抑在自己心中，这样，产生的问题不能得到有效的化解，而且也很容易把心理问题积蓄和放大起来，这样就很容易产生心理障碍。

良好的人际关系不仅是人健康成长的基本条件，同时也是治疗心理障碍的一个重要资源。对于精神障碍的各种治疗及危机干预方法，虽方法不同，技术各异，但有一个共同点，都是在良好的治疗关系基础上发挥作用。当你感到悲观失意、抑郁不快时，有人安慰与关怀，你会感到精神的慰藉与支持，从而获得战胜困难的勇气；相反，则会使你跌入失望、孤独的深渊。

二、紧张的人际环境影响健康

人际环境差，心理距离大，相互钩心斗角，相互倾轧、欺诈，缺乏信用，不讲道德，不讲良心，使人产生不安全感，时时要提防对方，时时要考虑去攻击对方，导致紧张、焦虑等消极情绪，影响身心健康。紧张和敌对的人际关系使人失去安全感，处于忧虑、担心、害怕状态，焦虑，失眠，精神上痛苦不堪，严重者可导致神经官能症和精神分裂症。

有一位中年妇女，每当听到别人、甚至是电视里说到房子之类的东西，她就会出现头晕、呼吸困难、全身乏力，其程度严重到自己一个人无法起床。后来，即便没有房子做刺激，只要她自己一想到房子，也可能发作，根本无法正常工作和生活，她和家人都很痛苦。她患的是一种叫“癔症”的神经症。其原因在于，她和她的妹妹因为分房子的事情闹得很不开心，并且她最终也作了让步，但她妹妹并不感谢她，相反，还处处看她不顺眼。还有一个男性，因为长期和领导不和，一天到晚想着如何对付这位领导，结果最终发展成了“偏执型精神分裂症”。

紧张的人际关系还会导致心血管疾病的增加。实验证实，人在情绪平稳时，内分泌活动也处于平稳状态。人际关系紧张时，随着情绪的剧烈波动，血液和尿中包括肾上腺素、去甲肾上腺素、多巴胺等含量明显升高。肾上腺素可使神经系统兴奋，并与心脏、血管和其他器官有密切关系。儿茶酚胺的增高可促使血脂增高，血管平滑肌细胞增殖形成动脉硬化。大量的儿茶酚胺还会促使血小板聚集，阻塞小动脉，致使心肌梗死。所以，剧烈的情绪改变，往往使冠心病、心肌梗死突然发作。长期处在紧张的人际关系中，可促使血压调节机能失调，引起高血压。

紧张的人际关系导致免疫力下降。比如夫妻不和，经常吵架，就必定给双方带来许多精神痛苦，慢性应激引起糖皮质激素升高，而糖皮质激素具有抑制免疫的作用，从而会降低机体免疫水平。免疫功能的降低，可以导致感染增加，甚至引起癌症。美国心理学家卡西波曾经发现这样一种现象：同住一个宿舍的大学生彼此关系紧张时，就很容易患感冒，看病的人次也明显增多，而彼此关系融洽时却无此种现象。《红楼梦》里的林黛玉为什么总是病兮兮的呢，不仅仅是她患了肺结核，同时也是因为她自命清高、自怜和处在不良的人际环境中。在开始，有老奶奶和宝玉向着她，当宝玉一结婚，她周遭就无所依靠，加速了她的死亡。

紧张的人际关系导致内分泌失调。人在紧张状态下，胰高血糖素分泌增多，引起胰岛素相对不足而出现糖代谢障碍导致糖尿病。妇女长期处在紧张状态，引起下丘脑—垂体—卵巢轴功能紊乱，从而出现排卵机能异常、月经紊乱、痛经等现象，抑郁的时候还可出现月经停止。

紧张的人际关系还可以导致迷走神经兴奋失调，引起消化不良、胃溃疡等，也可以使糖皮质激素升高，引发应激性溃疡。

由此可知，无论青少年还是中老年人，都不能在孤独和封闭的状态下生活，应当力求搞好各种人际关系，各种人际关系处理得越好，越有利于提高工作学习质量和生活质量，也越有利于延年益寿。

三、孤独寂寞不利于健康

美国《科学》杂志曾经说过："孤立对死亡的影响相当于抽烟、高血压、高胆固醇、肥胖、缺乏运动。"并且指出，孤独寂寞之害超过吸烟，因为吸烟的死亡系数为 1.6，而孤独寂寞的死亡系数竟然高达 2.0。美国科学家曾对 100 名骨髓移植患者做过研究，发现他们之中凡人际关系良好，能够得到亲友关怀、慰问和支持者，其骨髓移植在 2 年内的成活率为 54%；而没有亲友关怀和支持、孤立无援的患者，其骨髓移植的成活率仅有 20%。对老年心脏病患者的研究结果也与此大体相似，有亲友慰问和支持的患者，病发后存活 1 年以上的概率是缺乏支持者的 2 倍。

每个人都难免遇到一些很糟糕的事情，对于青少年朋友来说，可能是父母不理解、过分严厉，或父母不和，甚至离异，学习成绩下降，好朋友的误解，老师不公正的待遇，这时候怎么办呢？要想及时解除心理压力，最好的办法是向亲人或朋友加以倾诉，或去找心理老师疏导。正如《罗宾汉历险记》一书的主人公曾对他的追随者所说："尽情吐露你们的烦忧吧，畅所欲言能解千愁。"遇到很大的心理压力，只要人际关系良好，能及时加以倾诉，并能得到亲人、朋友的理解、宽慰和支持，也可能不会造成什么损害或者造成很小的损害；而人际关系不好，根本得不到亲人、朋友的宽慰和支持，不仅心里痛苦，而且也对健康造成损害。

每个人都需要得到他人的关怀和支持。正如精神分析的鼻祖弗洛伊德所言，人伴随分娩而产生的基本焦虑，只有依靠他人才能得到缓解，在他人的轻轻拍打、安抚下，他得到了拯救。

第三节　获得良好的人际环境

良好的人际环境有利于个人的健康，也是顺利进行正常的生活、学习、工作所不可或缺的条件。因此，通过家庭、自我、社会等的共同努力，让青少年获得良好的人际环境非常重要。

一、让孩子脱离抑郁

家庭应该是孩子娱乐放松、宣泄减压、调适心理的“心灵港湾”，父母也应该是孩子最好的心理咨询师，是让孩子远离抑郁最好的医生。

1. 营造温馨民主的家庭气氛。良好的家庭支持和家庭凝聚力是孩子健康成长的持久动力。父母要经常检查自己的情绪，尊重孩子，顺畅地和孩子沟通，为孩子创造一个亲密、融洽、温馨的家庭氛围，让孩子体会到家里的温暖感和安全感。

2. 学习教育要有度。父母应适量给孩子一些自己的时间和空间，让孩子在不同的年龄段拥有不同的选择权。不要对孩子期望太高，不要过度纵容孩子或是太过苛求，应根据孩子自身的能力和兴趣来培养他们。

3. 鼓励孩子多交朋友。父母自己应真诚待人，并鼓励孩子多与人交往，教会孩子与他人融洽相处，多组织孩子间的情感交流活动，培养孩子广泛的爱好和乐观宽容的性格，享受友情的温暖。

4. 生活不宜过分优裕。物质生活的奢华反而会使孩子产生一种贪得无厌的心理，而对物质的追求往往又难以自我满足，因此贪婪者大多不快乐。

5. 完善人格，培养抗压能力。父母应多发现孩子的长处并恰当地给予表扬和鼓励，并从小培养孩子的自信与应付困境乃至逆境的能力，教育孩子学会忍耐和随遇而安，在困境中寻找精神寄托，如参加运动、游戏、聊天等等。

6. 如果孩子已经出现抑郁症状，这时父母要给予孩子适时的积极暗示，教导孩子理智调节自己的情绪，纠正认识上的偏差；寻找一些令孩子开心或是振奋的事情，让愉快的活动占据孩子的时间，用积极的情绪来抵消消极的情绪；教导孩子学会适当的发泄，比如通过倾诉、哭泣、写日记、运动等把不愉快的情绪释放出来，使心情平静；引导孩子为自己树立一个目标，使孩子有方向感，实行目标激励。另外，可及时找心理专家咨询，予以积极的治疗。

二、培养良好人际环境的途径

只有通过不断地改善自己，才能获得良好的人际环境，进而达到增进健康的目的。那么，如何才能获得良好的人际环境呢？

首先，我们要学会容忍别人和我们的差异。每个人都是不同的，只有学会包容别人，才能在心理上对别人不存在抵抗。

其次，我们要试着主动和人交往。只有主动交往，我们才能获取更多的朋友资源，在这些人中，可能有些人会成为我们的知己、密友。当我们遇到困难时，可以有朋友的帮助；当我们遇到问题的时候，可以有朋友的倾听、开导和指点，使心理问题及时得到化解，使不良的心情很快恢复正常；当我们有快乐的时候，有朋友和我们分享，我们会感到更加快乐。

再次，要与身边的人形成融洽的关系。与家人建立平等融洽的家庭关系，这样就会拥有一个良好的家庭氛围，它能让人有一种安全感。和父母出现冲突时，要学习沟通的艺术，要学会理解自己的父母。大多数的父母都是爱自己孩子的，有时只是方式不当，如果我们准确地表达自己的困境和需要，就会得到家人的帮助。在学校里，要学会融入团体，培养集体荣誉感，和同学搞好团结，相互理解、相互帮助。融洽的同学关系会增加我们的安全感和幸福感。

最后，遇到难以解决的心理问题时要找专家咨询和治疗。当你实在困惑，又难以找人倾诉，或者朋友、家人都无能为力的时候，学会去进行心理咨询，它会帮助你认识自己，促进自我成长，从而增强自己解决心理问题的能力。很多人对心理咨询有误解，认为去做咨询的都有精神问题。实际上，心理咨询是一种帮助人的职业，它帮助人们解决和排解生活中遇到的各种问题、困难和苦恼，使人们更好地适应生活，这不仅有利于更好地解决问题，而且有利于心理健康的维护。